U0351380

赛隆的热力学
可控合成与应用实践

彭 犇　岳昌盛　张 梅　郭 敏　编著

北 京
冶 金 工 业 出 版 社
2014

内容提要

本书在分析赛隆耐火材料发展现状的基础上，结合热力学、化学匹配等知识，系统地分析了赛隆耐火材料制备的可行性，并通过实验室模拟分析和工业生产应用实践，系统地介绍了赛隆的可控合成技术及其生产实践。全书内容系统、全面，注重实用性和指导性。希望本书的出版对实现赛隆制备的经济、规模和可靠运行具有积极的推动作用。

本书可供从事耐火材料研发和制备的科技工作者参考，也可供陶瓷与耐火材料生产企业的技术人员参阅。

图书在版编目（CIP）数据

赛隆的热力学可控合成与应用实践/彭犇等编著．—北京：冶金工业出版社，2014.6

ISBN 978-7-5024-6598-8

Ⅰ.①赛…　Ⅱ.①彭…　Ⅲ.①耐火材料—热力学—研究　Ⅳ.①TQ175

中国版本图书馆 CIP 数据核字（2014）第 115532 号

出 版 人　谭学余

地　　址　北京北河沿大街嵩祝院北巷 39 号，邮编 100009

电　　话　(010)64027926　电子信箱　yjcbs@cnmip.com.cn

责任编辑　常国平　美术编辑　杨　帆　版式设计　孙跃红

责任校对　禹　蕊　责任印制　牛晓波

ISBN 978-7-5024-6598-8

冶金工业出版社出版发行；各地新华书店经销；三河市双峰印刷装订有限公司印刷

2014 年 6 月第 1 版，2014 年 6 月第 1 次印刷

148mm×210mm；4.5 印张；130 千字；134 页

25.00 元

冶金工业出版社投稿电话：(010)64027932　投稿信箱：tougao@cnmip.com.cn

冶金工业出版社发行部　电话：(010)64044283　传真：(010)64027893

冶金书店　地址：北京东四西大街 46 号(100010)　电话：(010)65289081(兼传真)

（本书如有印装质量问题，本社发行部负责退换）

前　言

特种耐火材料是在传统陶瓷和普通耐火材料的基础上发展起来的新型材料，又称为高温陶瓷或高温材料，它包括高熔点氧化物和高熔点非氧化物及由此衍生的金属陶瓷等复合材料。特种耐火材料不仅应具有高熔点、高纯度和化学及热稳定性，而且必须满足各种使用条件所提出的特殊要求。它既能作为钢铁等冶金工业用材料，又可作为其他行业使用的高温工程材料及各种功能材料，因此，在国民经济各科学技术领域和工业部门得到了广泛的应用。其中，赛隆氮氧化物材料由于具有优越的常温和高温力学性能、热学性能和化学稳定性，被认为是最有发展前景的特种耐火材料之一。但是同传统陶瓷和普通耐火材料不同的是，赛隆氮氧化物材料大多采用人工提纯的化工原料，如工业二次生产后的 Al_2O_3、硅粉、铝粉等纯原料，主要用于工业材料的特殊要求部位，原料成本过高，导致其难以作为常规材料获得进一步规模化的工业应用。

“十二五”期间，大宗工业固体废物综合利用是节能环保战略性新兴产业的重要组成部分，是为工业又好又快发展提供资源保障的重要途径，也是解决大宗工业固体废物不当处置与堆存所带来的环境污染和安全隐患的治本之策。大宗工业固体废物综合利用是当前实现工业转型升级的重要举措，更是确保我国工业可持续发展的一项长远的战略方针。以含有 Al_2O_3、SiO_2 系的大宗工业固废如煤矸石、粉煤灰等为原料，通过高温反应合成赛隆氮氧化物，不仅可以降低合成成本，还可以实现固废资源的综合利用，成为目前广泛研究的热点，也是未来降低赛隆材料合成成本、推广应用的重要途径。但是，目前用工业固废合成赛隆材料的研究大多还停留在实验室阶段，理论研究与实际生产脱节，不利于固废制备赛隆的低成本、普适性、规模化发展需求，制约了赛隆的规模化应用。因此，开展理论和材料合成的综合分析，以材料物理化学、资源综合利用等理论为指导，并通过实践加以验证，将有助于实现赛隆氮氧化物特种耐火材料生产的经济、规模和可靠运行。编著者从各单位积累的宝贵经验和资料中吸收了关于赛隆氮氧化物特种耐火材料比较成熟的、具有先进性和代表性的基础理论与工艺技术，编写了本书。全书主要分为4章，主要包括赛隆的发展现状、硅铝系耐火材料及固体废弃物、氮氧化物体系热力学分析、赛隆的可控合成及生产实践等内容。

本书由彭犇、岳昌盛、张梅、郭敏主编。其中，第1章由北京科技大学张梅编写，第2章由中冶建筑研究总院岳昌盛编写，第3章由北京科技大学郭敏和北京工业大学李钒编写，第4章由中冶建筑研究总院有限公司彭犇编写。首钢技术研究院赛音·巴特尔（博士）、中冶恩菲工程技术有限公司唐续龙（博士）、北京科技大学邱桂博（博士）参与了本书1~4章相关内容的编写、校正。本书在编著过程中，还得到了中国冶金科工集团有限公司彭铁红、张帆、勾立争、胡一文、吴朝昀等人的支持和协助，在此一并表示感谢。

由于编写时间比较紧迫，加之作者水平所限，书中不当之处，恳请专家和读者给予批评与指正！

编著者

2014年2月

目 录

1 赛隆的发展现状

陶瓷材料是人类最早利用自然界所提供的原料制造而成的材料，对于人类的文明发展有着至关重要的作用，其定义是：用各种粉状原料做成一定形状后，在高温窑炉中烧制而成的一种无机非金属固体材料。大多数陶瓷材料的主要特点是：硬度高、抗折强度大、耐高温、耐腐蚀、抗氧化、隔热和绝缘等，已发展成为国防、宇航、交通、机械、电子、化工、冶金、建筑、医学工程等领域中不可缺少的结构和功能材料，成为现代科学和尖端技术的重要组成部分。近年来，由于科学技术的迅猛发展，特别是电子技术、空间技术、计算机技术的发展，迫切需要一些具有特殊性能的材料，以满足对材料所提出的各种苛刻要求。因此，科学工作者研究了一系列新型的先进陶瓷材料，如氧化物陶瓷、氮化物陶瓷、碳化物陶瓷、硼化物陶瓷、硅化物陶瓷、氟化物陶瓷、复合陶瓷（由两种或两种以上物质构成的陶瓷）等。先进陶瓷具有应用前景广泛、发展潜力巨大等一系列优势，已经成为陶瓷科学和材料科学与工程领域非常活跃、极富挑战性的前沿课题，被誉为“万能材料”或“面向21世纪的新材料”。

赛隆氮氧化物材料包括 α-赛隆、β-赛隆、O′-赛隆、X-赛隆和赛隆多型体等多种晶型。其中，β-赛隆因其固溶区域大、性能优异，成为最受关注和应用最广的赛隆氮氧化物材料，其合成方式有高温固相合成、还原氮化合成等。目前，赛隆的制备原料多为工业提纯原料、成本较高；同时，由于赛隆相组成较为复杂，结构变化范围大，且缺乏相关的热力学数据。因此，对于赛隆的可控合成研究多处于初始状态，制约了赛隆研究的进展尤其是低成本合成方式的工业化转化。

1979 年，Lee 首次采用碳热还原氮化法利用黏土类矿物制备了赛隆材料，为廉价赛隆材料的生产提供了一条新的技术途径，进一步采用大宗工业固体废弃物如煤矸石、粉煤灰、尾矿等制备赛隆材料成为广泛研究的热点。在矿石日益贫化、传统矿产资源日渐枯竭、环保意识日益增强的今天，大力开展固体废弃物等二次可再生资源的综合利用已受到人们的广泛关注。基于当前固体废弃物的现状，从资源-环境的可持续发展和循环经济战略角度出发，选择大宗固废如煤矸石、粉煤灰等，在减量化处理废弃物的基础上，根据其主要含有 SiO_2 和 Al_2O_3 的特点，设计用其来资源化合成具有较高附加值的赛隆复合材料，以期变废为宝，在一定程度上缓解资源危机，降低对环境的污染，实现资源开发与节约并举，并最终达到无害化处理废弃物，将具有重要的发展意义。

1.1 Si-Al-O-N 体系中的赛隆相

耐火材料是近代陶瓷材料的重要组成部分，随着现代化技术发展的日新月异，耐火材料正向高技术、高性能、精密化和功能化的方向发展，从以氧化物为主演变到氧化物与非氧化物并重，且重视复合型的特种耐火材料。总的趋势是从传统的氧化物材料向碳化物、氮化物以及氧氮化物的方向发展。

Si_3N_4-SiO_2-Al_2O_3-AlN 体系中的非氧化物（包括氮化物和氮氧化物）由于具有优异的高温性能，受到广泛研究和重视。图 1-1 为 1700℃时 Si_3N_4-SiO_2-Al_2O_3-AlN 体系的等温截面图。Si_3N_4陶瓷的优良性质是由其结构决定的，以［SiN_4］四面体作为基本结构单元，Si—N 键的高度共价性使得 Si_3N_4 陶瓷具有优异的性能。但正是这种高度共价性存在时，Si 和 N 的扩散系数极低，即使在高温下 Si_3N_4 陶瓷也很难烧结致密，而结构陶瓷的优异性能只有在较为致密时才更为突出，因此许多研究希望找到更为合适的烧结助剂。20 世纪 70 年代初期，日本的 Oyama 等人及英国的 Jack 等人几乎同时发现了 β-Si_3N_4 与 Al_2O_3之间在 1700℃左右存在固溶体区域，即在 Si_3N_4-Al_2O_3系统中存在 β-Si_3N_4的固溶体，它是由 Al_2O_3的 Al、O 原子部分置换 Si_3N_4 中的 Si、N 原子，该固溶即称为赛隆。在长期的研究中，人们发现使用一些添加剂如 MgO、CaO、Al_2O_3、Y_2O_3和 Ln_2O_3等，能促进 Si_3N_4 陶瓷的烧结，在烧结过程中，金属氧化物与 Si_3N_4表面的 SiO_2 和 AlN 表面的 Al_2O_3形成低熔点的液相，能促进物质的扩散和迁移，从而促使材料致密化，进而产生了新的物相，从而提高了材料的高温性能，这些新的物质可以归为一类，统称为赛隆陶瓷材料，随着近些年研究的发展，其研究领域得到逐渐扩展，如 α-赛隆、β-赛隆、O′-赛隆、X-赛隆和赛隆多型体等晶体构型。

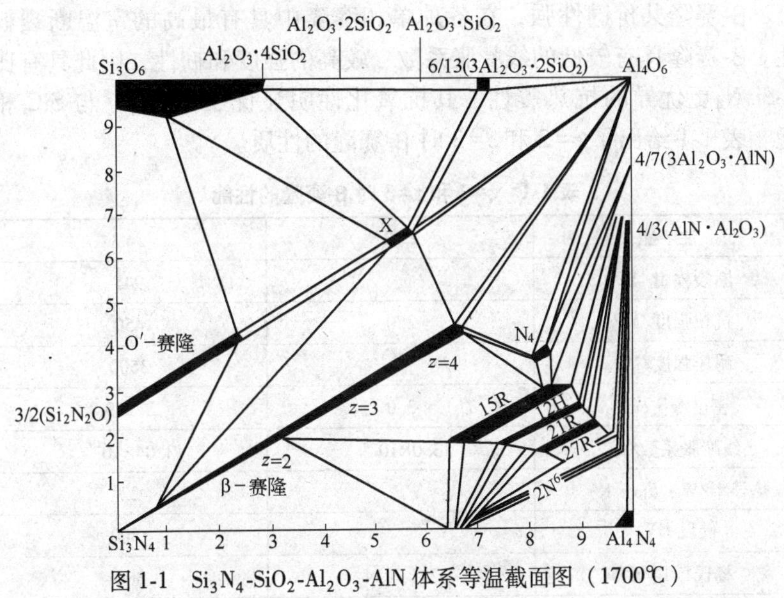

图 1-1 Si_3N_4-SiO_2-Al_2O_3-AlN 体系等温截面图（1700℃）

1.1.1 β-赛隆

β-赛隆是 β-Si_3N_4 中的 z 个 Si—N 键被 z 个 Al—O 键取代形成的，在 β-Si_3N_4 的晶格中置换性地固溶进 Al 和 O 原子，形成有畸变的 β-Si_3N_4 晶格，这就是 β-赛隆，从相图上也可看出，β-赛隆处于 Si_3N_4 和 AlN·Al_2O_3 的连线上。其组成可以表示成 $Si_{6-z}Al_zO_zN_{8-z}$，其中 $0<z\leqslant 4.2$。β-赛隆是典型的六方柱状晶体，它比 β-Si_3N_4 晶粒粗大，多呈柱状，具有与 β-Si_3N_4 相同的结构，所以物理性质与 Si_3N_4 相似，又由于含有 Al_2O_3，所以化学性质也接近于 Al_2O_3。

β-赛隆为置换型固溶体，其取代过程中不伴随空位和填隙原子的产生，但由于固溶前后不同原子在原子半径上的差异，原子 Al 半径较原子 Si 更大，Al 四面体的共价半径为 1.26×10^{-10}m(1.26Å)，高于 Si 四面体的共价半径为 1.17×10^{-10}m(1.17Å)，导致晶胞参数增加，其晶胞参数与β-赛隆的 z 值关系式见以下经验公式：

$$a = 7.603 + 0.02967 \times z\ (\text{Å}, 1\text{Å} = 1\times10^{-10}\text{m}) \quad (1\text{-}1)$$

$$c = 2.907 + 0.02554 \times z\ (\text{Å}, 1\text{Å} = 1\times10^{-10}\text{m})\ (0<z\leqslant4.2) \quad (1\text{-}2)$$

β-赛隆共价键性强，在各种单相赛隆中具有最高的室温断裂韧性。β-赛隆具有较低的线膨胀系数、较高的强度和韧性，因此具有比β-Si_3N_4更优异的抗热震性，其抗氧化性明显优于 Si_3N_4，与 SiC 相近。表 1-1 给出了 $z=2$ 和 $z=3$ 时 β-赛隆的性质。

表 1-1 $z=2$ 和 $z=3$ 时 β-赛隆的性能

性 能	$z=2$	$z=3$
断裂模量/MPa		945
抗拉强度/MPa	350	450
耐压强度/MPa		3500
密度/$g\cdot cm^{-3}$	3.0	3.259
线膨胀系数/K^{-1}	3.0×10^{-6}	3.04×10^{-6}
热导率/$W\cdot(m\cdot K)^{-1}$		22
硬度 $HV_{0.5}$		1800
杨氏模量/GPa	231~234	300
泊松比	0.288	0.23

1.1.2 α-赛隆

当加入某些金属氧化物烧结助剂进行烧结时，赛隆相图由原来的 Si_3N_4-SiO_2-AlN-Al_2O_3扩展为 Me-Si-Al-O-N 五元系，此时将形成α-赛隆。α-赛隆是以α-Si_3N_4为基的一种 Si、Al、O、N 及金属 Me 的固溶体，属于六方晶系，α-Si_3N_4的 c 轴方向晶格间距大约是β-Si_3N_4 的两倍，因此易溶进金属离子，其通式为 $Me_xSi_{12-(m+n)}Al_{m+n}O_nN_{16-n}$，$x=m/p$，Me 为金属离子，包括 Li、Na、Mg、Ca、Y 及除 La、Ce 以外的稀土元素。其中 m 个 Si—N 键被 m 个 Al—N 键取代，n 个 Si—N 键被 n 个 Al—O 键取代，由此导致的电价不平衡通过金属离子 Me 的进入得以补偿，置换与填隙同时存在的固溶体，其固溶范围因各金属离子而异。

对于填隙金属离子，因为每个 α-Si_3N_4结构中最多只有两个大间隙位置，所以它在 α-赛隆中的固溶量不会超过 2。由于 Al—O 键和 Al—N 键与 Si—N 键键长的差异，当 Al—O 和 Al—N 取代 Si—N 时，会引起晶胞参数的变化。晶胞参数的增量（nm）与取代量（nm）的关系如下：

$$\Delta a = \frac{0.045m + 0.009n}{10} \tag{1-3}$$

$$\Delta c = \frac{0.04m + 0.008n}{10} \tag{1-4}$$

α-赛隆具有很高的硬度和耐磨性，金属离子可以固溶进入 α-赛隆的晶格，起到净化晶界的作用。α-赛隆还有一个特点是可以根据需要选择强度和硬度，能够制造出形状复杂的发动机部件，并且可以用来制造机械零件、模具、切削工具等。同其他赛隆材料相比，α-赛隆具有高的硬度、良好的耐磨性等优良性能，其晶粒多为等轴状，故强度和韧性较 β-赛隆低，而长棒状 α-赛隆晶粒的发现将有利于制备兼具高硬度和高韧性的赛隆陶瓷。

1.1.3 O′-赛隆

O′-赛隆是 Si_2N_2O 与 Al_2O_3的固溶体。由图 1-1 可见，O′-赛隆只有很窄的固溶范围，其与 Si_2N_2O 有着相似的晶体结构，其化学式可表示为 $Si_{2-z}Al_zO_{z+1}N_{2-z}$（$0<z\leqslant0.4$）。O′-赛隆属正交晶系，由于结构上的特点和含有较多的氧，O′-赛隆具有赛隆材料中最好的抗氧化能力。

O′-赛隆材料在 1200～1350℃时具有极佳的抗氧化能力，这是由于 O′-赛隆材料氧化后形成的连续氧化保护层所致。不同 z 值的 O′-赛隆的晶格常数有所不同，它的抗弯强度和断裂韧性也不尽相同。研究表明，随着 Al 和 Si 固溶度的增加，晶格常数 a、b、c 也会增大，在 $z>0.3$ 时趋于最大，并保持到 $z=0.4$ 附近。O′-赛隆陶瓷的韧性不如 β-赛隆，原因是 O′-赛隆陶瓷与富 SiO_2 玻璃相间的结合键太强，以致裂纹的扩展直接穿过玻璃相与晶相，将不会产生 β-赛隆材料中出现的拔出或裂纹偏转效应，致使 O′-赛隆陶瓷的韧性比较低。

1.1.4 X-赛隆

图 1-1 中间狭小区域为 X-赛隆（或称为 X 相）。由于 X 相作为中间产物，因此对其生成热力学方面的分析相对较多，而关于其性质的研究和报道则较少，应用也较少。研究认为 X-赛隆能减小线膨胀系数和提高抗氧化性能。

1.1.5 赛隆多型体

如图 1-1 所示，位于 β-赛隆和 AlN 之间的区域的一系列固溶体统称为赛隆多型体，包括 8H、15R、12H、21R、27R 和 2H 晶型，由于具有纤维锌矿型 AlN 结构，故也称为赛隆多型体。AlN 结构单元为［AlN］四面体，金属 Al 原子和非金属 N 原子以 MX 层排列成六方结构，晶胞参数为 $a = 3.114\times10^{-10}$ m（3.114Å）、$c = 4.986\times10^{-10}$ m（4.986Å）。在 AlN 角的附近，β-赛隆和 AlN 之间存在六种具有一定 Me/X（Me 为金属原子，即 Si 或 Al；X 为非金属原子，即 N 或 O），并沿相同方向有一定固溶度的 AlN 多型体。它们是由 SiO_2 固溶进入 AlN 晶格形成的固溶体，其组成可表示为 Me_mX_{m+1}，其中 m 为整数。六种 AlN 多型体按照 Ramsdell 符号分别命名为 8H、15R、12H、21R、27R 和 $2H^{\delta}$。以 H 命名的每个晶胞中有两个结构基块，每个基块中含有 $n/2$ 层 Al(Si)—N(O)层；以 R 命名的 4 个晶胞中有三个结构基块，每个基块中含有 $n/3$ 层 Al(Si)—N(O)层；δ 表示在 MX_2 层发生了错排。表 1-2 给出了赛隆多型体的晶胞大小及其组分。

表 1-2 赛隆多型体的晶胞大小及其组成

晶 型	Me/X	a/m	c/m	组 成
8H	4/5	2.998×10^{-10}	23.02×10^{-10}	$(AlN)_3SiO_2$
15R	5/6	3.010×10^{-10}	41.81×10^{-10}	$(AlN)_4SiO_2$
12H	6/7	3.029×10^{-10}	32.91×10^{-10}	$(AlN)_5SiO_2$
21R	7/8	3.048×10^{-10}	57.19×10^{-10}	$(AlN)_6SiO_2$
27R	9/10	3.059×10^{-10}	71.98×10^{-10}	$(AlN)_8SiO_2$
$2H^{\delta}$	>9/10	3.079×10^{-10}	5.3×10^{-10}	$(AlN)_{8.6}(SiO_2)_{0.3}(Si_3N_4)_{0.7}$
2H	1/1	3.114×10^{-10}	4.986×10^{-10}	AlN

多型体在结构上很相似，都是以母体 AlN 相的纤锌矿结构为基础，不同的 AlN 多型体在晶粒形貌上稍有差别。与 α-赛隆和 β-赛隆相比，AlN 和赛隆多型体的力学性能较差。但与普通陶瓷材料所不同的是，赛隆多型体的高温强度比室温强度高，故有可能利用它们作为赛隆陶瓷的补强相。

1.2 赛隆的合成方法及制备原料

在赛隆材料的制备过程中，烧结工艺是材料制备过程中关键因素之一。表 1-3 为陶瓷和耐火材料的常用烧结方法。

表 1-3 陶瓷和耐火材料的常用烧结方法

烧结方式	操作方式	特 点
常压烧结法	无压烧结	大批量制取复杂结构制品
反应烧结法	反应烧结	尺寸变化小，制造形状，可制备复杂的制品
液相烧结法	烧结助剂、液相烧结	烧结温度低，密度较高，有玻璃相，高温性能差
热压烧结法	高温高压、成型烧结	密度高，可制取复杂构件，生产效率低，成本高
超高压烧结法	高压装置、加压烧结	不用烧结助剂，密度高，不易操作，成本高
微波烧结法	微波进行、高温烧结	快速、合成致密，成本高、生产效率低

在赛隆的制备工艺领域，上述烧结方式均有涉及。另外，从合成原料角度而言，赛隆的合成又分为高温固相反应法、自蔓延反应（SHS）合成法、金属还原氮化法、碳热还原氮化合成法等方式。其中，又以 β-赛隆的合成最为典型，下面针对其合成进行相关介绍：

（1）固相反应合成法。向 Si_3N_4 粉末中添加等摩尔数的 AlN 和 Al_2O_3，并在极高温（1700℃以上）条件下把 AlN 和 Al_2O_3 通过固相反应固溶到 β-Si_3N_4 中去，不同配比的原料可以得到 z 值不同的 β-赛隆，其合成反应式为：

$$(6-z)Si_3N_4 + zAlN + zAl_2O_3 = 3Si_{6-z}Al_zO_zN_{8-z} \quad (1\text{-}5)$$

高温固相反应制备的 β-赛隆具有极为优异的使用性能，但是由于合成原料要求较高、原料成本高，加之设备要求高、能耗大、成本居高不下，制约了其大规模应用，多用在高温特殊环境如航空航天、超高温冶金等领域。

（2）自蔓延合成法（SHS 法）。以 Si 粉、AlN 和 $\alpha\text{-}Si_3N_4$为原料，用发热体点燃反应混合物顶端的钛颗粒，并产生 2000℃以上的高温，使反应混合物开始燃烧（氮化反应）。由于该燃烧反应具有很强的放热效应，一旦点燃后就可以自发维持，并以燃烧波的形式以 2mm/s 的速率向前蔓延，因此在数分钟之内就完成 β-赛隆的合成。该燃烧合成反应的化学式可表达为：

$$Si + Si_3N_4 + SiO_2 + AlN + N_2(g) \longrightarrow Si_{6-z}Al_zO_zN_{8-z} \quad (1\text{-}6)$$

$\alpha\text{-}Si_3N_4$的作用是作为稀释剂来控制反应氮化速度的，整个氮化过程在数分钟内完成，SHS 法合成的 β-赛隆的 z 值受到限制，一般为 0.3~0.6。SHS 法合成同样存在原料成本高、设备要求高、能耗大、成本居高不下的不足，因此也制约了其大规模应用。

（3）金属还原氮化合成法。同固相反应合成和 SHS 合成相比，金属还原氮化合成的成本要更低。目前，实际工业化生产中采用较多的是金属还原氮化方式制备 β-赛隆，即在氧化铝原料中，通过添加金属硅和铝粉的方法，在氮气保护下，直接合成 β-赛隆相。其反应方程式为：

$$(6-z)Si + z/3Al + z/3Al_2O_3 + (4-0.5z)N_2 = Si_{6-z}Al_zO_zN_{8-z} \quad (1\text{-}7)$$

在上述反应发生的过程中可能发生的反应如下（以合成 $z=2$ 为例）：

$$Al(l) + 0.5N_2(g) = AlN \quad (1\text{-}8)$$

$$3Si(l) + 2N_2(g) = Si_3N_4 \quad (1\text{-}9)$$

$$4Si_3N_4 + 2AlN + 2Al_2O_3 = 3Si_4Al_2O_2N_6 \quad (1\text{-}10)$$

由式（1-8）~式（1-10），得：

$$12Si(l) + 2Al(l) + 2Al_2O_3 + 9N_2(g) = 3Si_4Al_2O_2N_6 \quad (1\text{-}11)$$

研究表明：采用金属还原氮化法合成了 β-赛隆，金属铝、硅细粉的塑性烧结和机理可分析归纳为两种（塑性）变形模式，如图 1-2 所示。

（4）碳热还原氮化合成法。碳热还原氮化合成法又称 CRN 法。在众多的 β-赛隆制备方法中，碳热还原氮化合成法是最为经济的合成方法，成为目前的研究热点，该方法主要以富含 SiO_2、Al_2O_3的物质为原料，如天然原料红柱石、高岭土等或固体废弃物煤矸石、粉煤

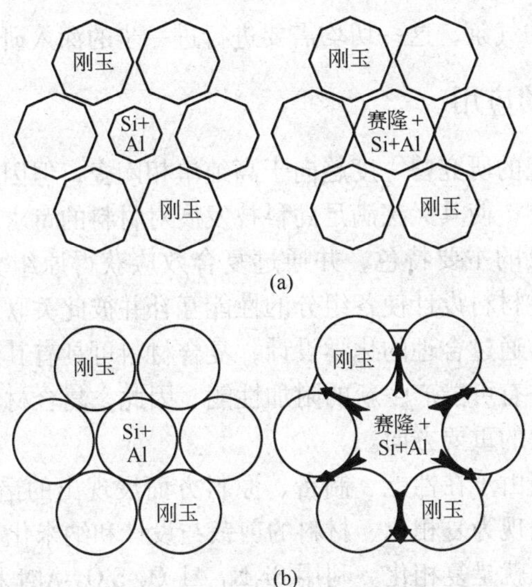

图 1-2 金属硅铝细粉颗粒的烧成塑性模型

（a）Si、Al 反应前后的填充位置；（b）Si、Al 反应前后的填充位置

灰等为原料，加入适量的炭粉作为还原剂，在氮气气氛下合成 β-赛隆。根据原料中的化学组成，其设计的化学反应方程式为：

$$(6-z)SiO_2 + z/2Al_2O_3 + (12-1.5z)C + (4-0.5z)N_2 = Si_{6-z}Al_zO_zN_{8-z} + (12-1.5z)CO \quad (1\text{-}12)$$

由于 CRN 法合成具有原料成本低、原料来源广泛、合成成本低等优点，并且某些固体废弃物如煤矸石、粉煤灰等的利用还可避免占地和污染环境，将可以有效降低赛隆的合成成本，实现固体废弃物的高效、高附加值处理。但目前 CRN 法大多仍只限于实验室合成阶段，未能实现工业大规模生产，并且关于 CRN 法制备的 β-赛隆实际应用的研究也较少，这些都将制约 CRN 法的进一步广泛推广应用。

对于赛隆材料合成而言，多采用通入非氧化保护气氛进行合成保护，而金属还原氮化合成法和碳热还原氮化合成法对气氛的要求更为敏感，研究气氛与合成的关系无论是对科研和实际应用均具有重要的意义。但关于不同赛隆合成与气氛之间的关系则很少有相关报道，如气氛是否是还原性越强（对应氧分压越低）对其合成越有利，还是只需要合适的气氛，这一切均需要进行进一步的深入研究。

1.3　赛隆的应用

先进陶瓷的研究曾一度趋向于高纯单相陶瓷，但因其在制备和性能上的局限性，使其无法满足高科技发展对材料的苛求。复合材料既能保留原组成的主要特色，并通过复合效应获得原组分不具备的性能；又可通过材料设计使各组分的性能互补并彼此关联，从而获得新的优越性能，通过合理的化学设计，复合材料可具有其组成相的综合优越性能，并有可能产生新的附加性能。因此，复合材料已成为今后陶瓷材料发展的重要方向。

赛隆陶瓷由于在性能、制备、原料方面展现出的诸多优越性能，其发展趋势表现为复相化、材料的剪裁与设计和纳米化，而其中具有最突出的特性就是复相化。利用 Si_3N_4-Al_2O_3-SiO_2-AlN 相平衡系统和 Me-Si-Al-O-N 相平衡系统中单相赛隆之间的平衡共存关系开发的复相赛隆有 α-β-赛隆、β-Si_3N_4-β-赛隆、β-赛隆-AlON、O′-赛隆-β-赛隆、β-赛隆-赛隆多型体等。其中，研究和应用最为广泛的是 α-β-赛隆。α-赛隆陶瓷虽然具有更高的硬度并能减少晶界相含量，但由于韧性低、可靠性差而难以获得推广。β-赛隆陶瓷的高强度高韧性很大程度上取决于其双重的显微结构（少量粗大的长颗粒均匀分布在细小的圆颗粒基体上），这些长柱状晶粒通过自身晶粒拔出、剥离以及对裂纹的偏转、桥联等机制对材料进行增强、增韧。而 α-赛隆陶瓷的晶粒大多为等轴状，在微观结构中缺乏长柱状晶粒所产生的增强、增韧机制。因此，提高 α-赛隆陶瓷强韧性的研究多集中在对其显微结构的设计方面，即通过组分和工艺设计使其内部原位形成长柱状的晶粒，通过复合搭配如利用原位形成的长柱 β-赛隆作为 α-赛隆的补强相，从而制备 α-β-赛隆材料，将等轴状高硬度的 α-赛隆与长柱状高韧性的 β-赛隆结合在一起，可以获得良好的室温和高温性能，它是一种较为典型的自补强多相复合陶瓷，兼具 α 相的高硬度和 β 相的高强度、高韧性，可较好地满足切削刀具材料的要求。

此外，依据化学相容、物理匹配、制备科学和工艺方案选择合理等原则，人们通过向赛隆主晶相中加入第二相，利用晶须（或纤维）

补强、相变增韧和颗粒弥散强化等原理设计并制得了许多增强、增韧的复合赛隆陶瓷。目前应用于β-赛隆陶瓷增韧的第二相颗粒主要有SiC、Al_2O_3、BN等。赛隆复合材料的应用领域包括:

(1) 用作磨具和金属切削工具。选用赛隆复合材料制作的磨球研磨ZrO_2、Al_2O_3、Si_3N_4等陶瓷粉体，球磨失重率远低于Al_2O_3磨球。用作高速切割铸铁及镍合金的刀具，承受高温可达1000℃，优于Co-WC合金，具有更长的使用寿命。

(2) 用作热机或其他热能设备。赛隆复合材料可用作各种形状复杂高温用的涡轮机、汽车发动机元件（针油阀、挺杆垫片）、焊接用的定位钉、高温轴承、热电偶套管等，综合效果高于Si_3N_4材料。

(3) 用于熔融金属挤压模具和盛装、输送部件、高炉内衬材料等。实践证明，以赛隆为基体制得的复合材料，在抗金属及炉渣的侵蚀上比用黏土或Si_3N_4作基体的制品好得多。

(4) 可制成透明陶瓷，用作大功率高压钠灯灯管、高温红外测温仪窗口。

(5) 利用赛隆与生物体的良好亲和性，还可用作人工关节。

在赛隆复合材料中，又以赛隆结合SiC复合材料、赛隆结合刚玉材料的研究和应用最为广泛。表1-4为我国生产的赛隆结合刚玉、赛隆结合SiC复合材料的部分理化指标。

(1) 赛隆结合刚玉材料。β-赛隆结合刚玉材料也是β-赛隆复合材料中研究较多的材料，是20世纪80年代初由法国Savoie公司研制的用作高炉复合式炉衬（陶瓷杯）的新一代耐火材料，80年代初至1997年全世界已有20多座大型高炉采用陶瓷杯技术使用了该公司的β-赛隆结合刚玉砖。Al_2O_3具有很高的硬度且一般呈粒状，所以很多学者将其作为第二相添加到β-赛隆中制备出了β-赛隆/Al_2O_3复合材料。赛隆结合刚玉材料具有刚玉耐高温、抗氧化的特性，同时又具有β-赛隆的高强度、优良的抗热震性能，有望成为我国新一代高炉炉缸内衬的首选材料，受到国内外学者的广泛关注，也可以用作铸钢滑板。

β-赛隆材料可用作高速切割铸铁及镍基合金、钴基合金、高锰钢、淬火高速钢和轴承钢等的刀具。β-赛隆最成功的应用是用作切削

表 1-4　我国生产的赛隆结合刚玉、赛隆结合 SiC 复合材料的部分理化指标

项　目		赛隆-刚玉	赛隆-SiC
体积密度/g · cm^{-3}		3. 30~3. 35	2. 83
显气孔率/%		8. 6~10. 2	13
常温耐压强度/MPa		160	220
常温抗折强度/MPa		29	54
高温抗折强度(1400℃)/MPa		—	55
荷重软化温度/℃		—	1700
线膨胀系数/$℃^{-1}$		5.2×10^{-6}	4.2×10^{-6}
热导率(1000℃)/W · (m · K)$^{-1}$		3. 5	15
化学成分 *w*/%	Al_2O_3	84. 6	13. 5
	SiC	—	72
	Fe_2O_3	0. 52	0. 45
	N	5. 39	6. 3

工具。这种刀具可高速、大进刀量地切削铸铁、硬化钢和高温合金。在切削速度大于 300m/min 时，β-赛隆陶瓷刀具的寿命等于 Al_2O_3 基陶瓷；以 1525m/min 的速度切削时，其寿命为 Al_2O_3 刀具的 10~12 倍，金属切削率也高于其他材料。

（2）赛隆结合 SiC 复合材料。SiC 硬度和强度极高，具有类似金刚石的晶体结构，其晶体由相同的［SiC_4］四面体构成，与闪锌矿和铅锌矿晶型结构相似，特殊的晶体结构决定了其有许多优异的性质。常见的 SiC 晶型有 α-SiC、β-SiC、6H-SiC、15R-SiC、4H-SiC 型，最主要的是 α-SiC 和 β-SiC 两种类型。SiC 是以牢固共价键为主的化合物，且共价键性极强，在高温状态下仍保持高的键合强度，机械强度高，高温下不发生塑性变形和蠕变，是理想的高温结构材料。碳化硅用作耐火材料已有很长的历史，在钢铁冶炼中大量用作钢包砖、水口砖、高炉内衬；在有色金属冶炼中用作炉衬、熔融金属的输送管道、过滤器坩埚等。SiC/β-赛隆陶瓷综合了 SiC 和 β-赛隆的优点，具有强度高、韧性好、耐磨性好、化学稳定性高和抗热震抗氧化性好的优点，广泛应用于冶金、机械、化工、有色等行业。SiC/β-赛隆陶瓷材

料成为替代 SiC/Si_3N_4 耐火材料的第二代高炉关键部位的内衬材料，适用于高炉炉腰和炉腹部位，具有优异的抗渣侵蚀性能和抗碱侵蚀性能，能有效提高高炉的使用寿命。而最近研究的 SiC 晶须增韧 β-赛隆陶瓷材料也受到了广泛重视，SiC 晶须增强的 β-赛隆陶瓷材料，具有较好的抗折强度和断裂韧性，晶须有序整齐排列，有很明显的拔出效应。

赛隆复合材料在钢铁冶炼、高级窑具材料领域也有着广阔的发展应用前景。赛隆结合 SiC 砖可用于炼铁炉腰、炉腹和下部炉身，垃圾焚烧炉内衬；也可在高炉上用作低水泥浇注料。赛隆结合 SiC 材料还适用于作轻薄新型窑具材料，如作为陶瓷、砂轮烧成用推板、棚板、匣钵等，从而达到降低窑具制品比、降低能量消耗、提高产品质量和劳动生产率的目的。赛隆结合 SiC 制品也广泛应用于铅、锌、铝、铜等有色冶炼工业的冶炼炉中，能提高冶炼炉的服役期，降低耐火材料消耗，提高冶炼效率。β-赛隆结合刚玉砖由于具有良好的耐高温、抗侵蚀、抗热震性能，是当今高炉陶瓷杯的首先材料。

赛隆结合碳化硅材料与大多数有色金属如 Cu、Al、Zn 等以及铁水均不发生作用或作用较弱，表现出良好的抗熔体侵蚀性能。通过对比实验表明，赛隆结合碳化硅材料的抗熔体侵蚀能力优于 Si_3N_4 结合碳化硅，这是由于氮化硅结合碳化硅制品在生产过程中，由于原料和气氛的原因，或多或少要引入氧，这些氧可能以二氧化硅或硅酸盐的形式存在于碳化硅颗粒或氮化硅晶粒周围，容易被碱蒸气或溶酸、熔渣和铁水所侵蚀，从而恶化材料的使用性能。赛隆相表现出良好的抗氧化性，同时在 SiC 颗粒周围形成 SiO_2 或莫来石耐火薄膜，增强了其抗氧化性。通过对赛隆结合碳化硅制品和 Si_3N_4 结合碳化硅制品的水蒸气氧化实验表明：赛隆结合碳化硅的抗氧化性更为优良，而且赛隆结合相虽经氧化，但由于能容纳部分 O_2 进入晶格，制品强度不至于降低。赛隆结合碳化硅耐火材料线膨胀系数低，具有较高的韧性和热导性，高温强度高，材料在使用过程中不易产生热应力，制品的抗热冲击能力优异，抗热震性能检测采用国家标准 1100℃ 水冷实验，经水冷循环 40 次后，赛隆结合碳化硅制品仅在水冷端出现少量微裂纹，而普通高铝砖和刚玉-莫来石砖在 5~25 次后即出现崩裂。

2 硅铝系耐火原料及固体废弃物

作为土壤地质的重要组成部分，硅铝系材料在材料行业具有重要的地位。硅铝系耐火原材料在开采、应用过程中产生的大量硅铝系固体废弃物均是未来耐火材料发展的重要原材料，尤其是固废材料，近年来受到了越来越广泛的重视。

2.1 硅铝系耐火原料

2.1.1 Al_2O_3-SiO_2二元体系

2.1.1.1 Al_2O_3-SiO_2体系二元相图

Al_2O_3-SiO_2二元相图是该硅铝系耐火材料的基础，图 2-1 给出了一种具有代表性的 Al_2O_3-SiO_2相图。在该二元体系中仅存在一个二元

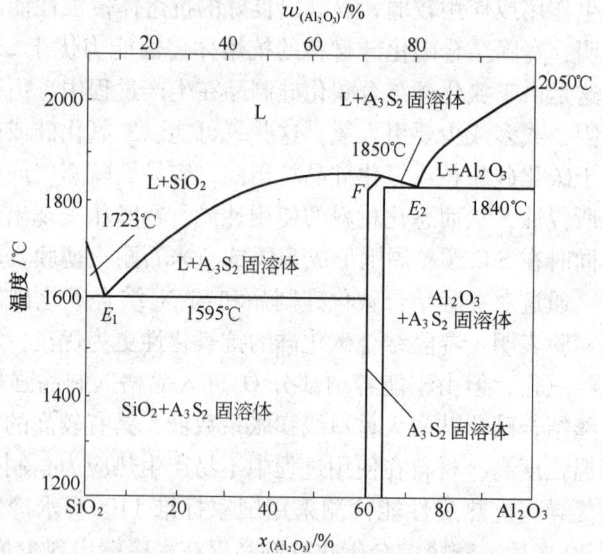

图 2-1 Al_2O_3-SiO_2二元系统相平衡关系图

化合物——莫来石，它是非化学计量型化合物，Al_2O_3 含量波动于72%~78%之间，相当于化学式 A_3S_2~A_2S 之间的化学组成，故可把莫来石相应视为 A_3S_2 和 A_2S 的固溶体，或 A_3S_2 与刚玉形成的固溶体（习惯上以 A_3S_2 表示）。莫来石的化学组成（按 A_3S_2 计算）为 Al_2O_3 71.8%、SiO_2 28.2%，熔点为1850℃。SiO_2 与莫来石之间有一低共熔点1595℃，组成为 Al_2O_3 5.5%、SiO_2 94.5%。莫来石和刚玉（α-Al_2O_3）间的低共熔点温度为1840℃。

在 SiO_2-A_3S_2 系统中，在1595~1700℃温度范围内，液相线较陡，说明液相量增加速度较小；1700℃以上时，液相线较平，液相量随温度升高迅速增加。这一特征决定了黏土制品的荷重软化开始温度不太高、荷重软化温度范围宽的基本特性。在 A_3S_2-刚玉系统中，Al_2O_3 含量越高，刚玉量越多，液相形成温度越高，该系统的制品具有比黏土制品高得多的耐火性质。由此可见，在 Al_2O_3-SiO_2 系统中，高温下的固、液相数量及其比例，共熔温度以及液相随温度升高的增长速度等因素决定着制品的高温性质。故可凭借理论上的分析来判断制品的耐火性质，这对于指导耐火材料的生产、使用均具有重要意义。

Al_2O_3-SiO_2 系统耐火材料除含有两种主要化学成分 Al_2O_3 和 SiO_2 外，往往还含有多种杂质氧化物，常见的为 TiO_2、Fe_2O_3、CaO、MgO、R_2O 等。这些杂质氧化物均起溶剂作用，降低溶液的生成温度及其黏度，增大液相的生成量，提高熔液对固相的溶解速度和溶解数量。但各成分所起的作用强弱程度不同，随着材料中的化学成分的数量变化，其相组成也发生变化。

2.1.1.2 SiO_2 相

纯 SiO_2 的熔点为1713℃。SiO_2 存在的晶型较多，外界条件改变时，会发生由一种晶型向另一种晶型的转变，并伴随着一定的体积变化。SiO_2 晶型转变、转变温度及伴随的体积变化如图2-2所示，各变体的性质见表2-1。SiO_2 的晶型转变可分为两大类：位移型转变和重建型转变。位移型转变不必打开结合键，只是原子的位置发生位移和Si—O—Si键角的稍微变化；转变时体积效应不大，到了一定温度突然发生，而且在整个晶体内同时发生骤然转变；转变是不可逆的。石英、鳞石英和方石英的不同晶型之间的转变均为位移型转变。重建型转变要打开旧键，建立新键，故转变活化能较高，转变速度较慢，往往是从晶体表面开始逐渐向内部推进，转变时伴随着较大的体积效应。石英、鳞石英和方石英之间的转变便属重建型转变。

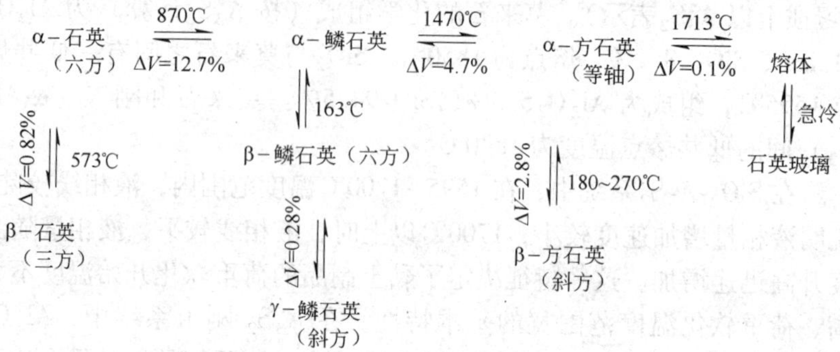

α－石英（六方） ⇌（870℃，ΔV=12.7%） α－鳞石英 ⇌（1470℃，ΔV=4.7%） α－方石英（等轴） ⇌（1713℃，ΔV=0.1%） 熔体

α－石英 ⇌（573℃，ΔV=0.82%） β－石英（三方）

α－鳞石英 ⇌（163℃） β－鳞石英（六方） ⇌（ΔV=0.28%） γ－鳞石英（斜方）

α－方石英 ⇌（180~270℃，ΔV=2.8%） β－方石英（斜方）

熔体 →（急冷） 石英玻璃

图 2-2 SiO_2的晶型转变、转变温度及伴随的体积变化

表 2-1 SiO_2变体的性质

变体名称	稳定温度/℃	晶系	结晶习性	真密度/$g\cdot cm^{-3}$	熔点/℃
β-石英	<573	三方	柱状	2. 651	1713
α-石英	573~870	六方	—	2. 533	—
γ-鳞石英	常温到 117	斜方	硅砖中矛头状双晶	2. 26~2. 35	1670
β-鳞石英	117~163	六方	—	2. 24	—
α-鳞石英	870~1470	六方	—	2. 228	—
β-方石英	180~270	斜方	硅砖中蜂窝状结构	2. 31~2. 34	1730
α-方石英	1470~1713	等轴	—	2. 229	—
石英玻璃	1723℃以上呈液态，低温呈过冷状态	非晶态	—	2. 203	—

2.1.1.3 Al_2O_3相

氧化铝在自然界中的储量丰富。天然结晶的 Al_2O_3 被称为刚玉，如红宝石、蓝宝石即为含 Cr_2O_3或 TiO_2杂质的刚玉。大部分氧化铝是以氢氧化铝的形式存在于铝矾土和红土中。

Al_2O_3的相对分子质量为 101. 94，密度 3. 4~4. 0g/cm^3。Al_2O_3有

多种晶体结构，常见的有α、β、γ三种。近几年来，由于ρ-Al_2O_3在常温下的复水性使其作为不定形耐火材料的高效结合剂而受到重视。

（1）α-Al_2O_3。由于它与天然氧化铝矿物——刚玉近似，习惯上也把它称为刚玉。它是Al_2O_3所有变体中密度最大和最稳定的。α-Al_2O_3属于三方晶系，熔点为2053℃，在α-Al_2O_3晶体结构中，氧离子作六方最紧密堆积，质点间距小，结构牢固，不易被破坏。α-Al_2O_3中阴、阳键由离子键向共价键过渡，因而常呈现完好的晶型，如柱状、短柱状，少数呈短柱状或双锥面上有较粗的条纹；集合体呈致密粒状、块状。α-Al_2O_3具有共价键的特性，故有较高的硬度。刚玉的硬度为9，仅次于金刚石。熔融α-Al_2O_3也常用作磨料。α-Al_2O_3在所有的温度下都是稳定的，其他变体当温度达到1000~1600℃都不可逆地转变为α-Al_2O_3。

（2）β-Al_2O_3。β-Al_2O_3长期以来作为Al_2O_3的一种变体，但严格地说它不是Al_2O_3的独立变体。它通常是由K^+、Na^+、Rb^+、Ca^{2+}、Sr^{2+}、Ba^{2+}等碱金属、碱土金属以及稀土离子（Ln）氧化物的存在而生成。β-Al_2O_3的构成式为$R_2O : Al_2O_3 = 1 : 6$及$Ln_2O_3 : Al_2O_3 = 1 : 10 \sim 1 : 12$。当$Al_2O_3$晶体中$Na_2O$含量为5%、$K_2O$含量为7%左右时，$Al_2O_3$全部转变为β-$Al_2O_3$。β-$Al_2O_3$是白色电熔刚玉和铝铬砖的主要成分之一，也是β-$Al_2O_3$陶瓷的主要成分。电熔β-$Al_2O_3$砖用于玻璃窑炉衬，抗碱侵蚀能力极强。黏土质耐火砖受碱金属氧化物侵蚀后也常得到β-Al_2O_3。

（3）γ-Al_2O_3。它是Al_2O_3的低温形态，等轴晶系，面心立方结构，属于具有缺陷型尖晶石结构。γ-Al_2O_3结构疏松，密度2.45~3.66g/cm^3，易于吸水，且能被酸碱溶解，性能不稳定，不能直接用于生产氧化铝陶瓷。添加适当的添加剂进行高温煅烧，γ-Al_2O_3可转变为α-Al_2O_3。

（4）ρ-Al_2O_3。一般认为ρ-Al_2O_3是结晶程度最差的Al_2O_3变体，是Al_2O_3各晶态中唯一能在常温下自发水化的形态，ρ-Al_2O_3是高纯不定形耐火材料理想的结合剂。

2.1.1.4 莫来石相

莫来石是Al_2O_3-SiO_2二元系常压下唯一稳定存在的二元化合物，

化学式为 $3Al_2O_3·2SiO_2$，理论组成 Al_2O_3 71.8%、SiO_2 28.2%。天然莫来石矿物非常稀少，至今世界上尚未发现具有工业价值的矿藏。莫来石通常采用烧结法或电熔法等人工方法合成。合成莫来石是一种优质的耐火原料，它具有膨胀均匀、抗热震稳定性好、荷重软化点高、高温蠕变值小、硬度大、抗化学腐蚀性好等特点。

烧结法合成莫来石的煅烧窑炉主要是回转窑和隧道窑。一般低铝莫来石和中铝莫来石可由单一的天然原料直接煅烧而成，如煅烧高岭土或蓝晶石等，配料和生产工艺较为简单。与烧结莫来石相比，电熔高纯莫来石（晶粒达 1000~2000μm）的高温力学性能和抗侵蚀性要好。电熔莫来石的典型性能列于表 2-2 中。

表 2-2 电熔莫来石的典型性能

电熔莫来石种类		普通电熔莫来石			高纯电熔莫来石		
		1	2	3	1	2	3
所用的 Al_2O_3 原料		铝矾土熟料			工业氧化铝		
化学成分/%	Al_2O_3	67.42	71.70	75.50	72.60	72.40	78.10
	SiO_2	27.97	22.00	21.00	25.57	26.00	20.09
	Fe_2O_3	0.99	0.65	0.46	0.01	0.13	微
	TiO_2	2.70	2.81	2.84	0.01	0.04	0.02
	CaO	0.01	0.15	0.13	0.17	0.17	0.12
	MgO	0.31	0.20	0.25	0.08	0.05	0.62
	K_2O	0.23	0.19	0.18	0.01	微	微
	Na_2O	0.02	0.05	0.05	0.19	0.04	0.02
矿物组成/%	莫来石	91.84	93.60	83.10	95.46	93.59	97.55
	刚玉	—	—	12.00	—	—	—
	玻璃相	8.16	6.40	4.90	4.54	6.41	2.45
显气孔率/%		5.00	9.40	10.00	2.10	11.00	6.70
体积密度/$g·cm^{-3}$		2.93	2.84	2.82	3.02	2.78	2.94
耐火度/℃		—	>1790	>1790	>1790	—	—
荷重软化温度/℃		—	1690	1690	1690	—	—

2.1.2 Al_2O_3-SiO_2系耐火原料

Al_2O_3-SiO_2系耐火原料主要包括硅石、半硅质黏土（含叶蜡石）、耐火黏土（含高岭石）及其熟料、矾土矿（含硅线石族矿物、水铝石）及其熟料、莫来石、刚玉及工业氧化铝等。

2.1.2.1 硅质和半硅质耐火原料

硅质、半硅质耐火原料是指以SiO_2为主成分的天然矿物或人工合成原料。通常硅质原料中的SiO_2含量大于96%，如硅石、石英砂、脉石英、水晶和熔融石英等；半硅质耐火原料中的SiO_2含量大于65%，如叶蜡石、硅藻土、硅微粉等。

A 天然硅质原料

（1）硅石。硅石可以分为结晶硅石和胶结硅石。结晶硅石主要包括脉石英和石英岩，而胶结硅石包括石英砂岩和燧石英等。硅石的主要化学成分为SiO_2，是典型的酸性耐火原料。

（2）脉石英。脉石英为颜色洁白、致密块状的石英，半透明，贝壳状断口，油脂光泽，因呈脉状产出，故称脉石英，属于结晶硅石的一种。它是岩浆期后从岩浆中分离出来的二氧化硅热溶液，充填在早期形成的岩石裂隙中冷凝而成，SiO_2的含量可达97%~99%。它是生产日用陶瓷的优质原料，但由于它呈致密块状，加热时体积膨胀剧烈，通常需要预先煅烧，加工碾碎后使用。脉石英是制造高硅质、高密度硅砖的原料。我国广西、山东、江苏北部等地产出脉石英。

（3）石英砂。石英砂又称硅砂，是由粒径0.1~2mm的石英组成的砂粒，通常由暴露在地表的石英质母岩，如花岗岩、伟晶岩、片麻岩经风化、破碎而成。它在第四纪沉积物以及现代河流、湖泊、海滩中有广泛分布。天然石英砂有海岸砂和山砂。石英砂中常含杂质，一般应需选矿处理。其品位根据其中的Fe_2O_3、Al_2O_3、Cr_2O_3、TiO_2的含量及其粒度组成而定。由硅石和石英砂岩经粉碎加工也可制得石英砂，它们均是玻璃工业的主要原料。

（4）石英砂岩。石英砂岩是一种固结的砂质岩石，由硅质胶结物胶结石英砂粒而成。砂粒中的石英含量在99%以上；硅质胶结物为蛋白石及玉髓，它们可以围绕石英砂粒发育成次生大胶结物，形成沉积石英岩。根据颗粒大小分为粗粒砂岩、中粒砂岩及细粒砂岩；按胶结物的不同分为钙质砂岩、硅质砂岩、长石质砂岩等。石英砂岩随胶结物的不同而呈白、黄、红色等。有时因风化影响而使结构疏松，成为软砂岩。质地纯净者，SiO_2含量达97%以上。在陶瓷工业中，石英砂岩主要用作瘠化料，以降低坯体的可塑性，减小制品的干燥收缩和变形。含硅高、含铁低的砂岩一般用于玻璃工业；水泥工业中多用作硅质校正原料，用于调整熟料的硅酸率。

（5）石英岩。石英岩又称硅石，它是石英砂岩受动力变质作用而形成的变质岩，主要由石英的颗粒集合体所构成。由于在变质过程中石英颗粒发生重结晶、挤压等现象，因而岩石的硬度和强度都较石英砂岩大、断面致密，在显微镜下，石英颗粒之间呈锯齿状接触。石英岩广泛用作玻璃、水泥、陶瓷工业中的原料。在耐火材料工业中常用于制造高硅质、高密度硅砖。

B　熔融石英

熔融石英一般是利用电弧炉和石墨电阻炉熔炼而成。由于要在超过1740℃的高温下熔炼，故能耗高。熔融石英可分为透明熔融石英和不透明熔融石英。透明熔融石英中没有或含有很少气泡等散射质点，呈透明状。由于生产成本高，透明熔融石英并不常用作耐火原料。不透明熔融石英含有大量气泡等散射质点，呈不透明或半透明状。

熔融石英的结构是由硅氧四面体组成的网络骨架。Si^{4+}位于四面体的中心，四个氧离子位于四面体的顶角，两个硅氧四面体之间以角相连，形成一种三维空间网络结构。作为一种高级耐火原料，熔融石英的最大特点是线膨胀系数低（0.54×10^{-6}℃$^{-1}$，0～1000℃）、抗热震稳定性好、耐火度很高、热导率低，因此常被用来制作陶瓷工业的耐火窑具、炼钢工业的浸入式水口。

C　氧化硅微粉

SiO_2微粉的主要种类有硅灰、硅石微粉、粉石英和填料用白炭黑、熔融石英微粉等。硅灰和机械法粉碎细磨的硅石微粉最常用，而性能最佳、应用最广泛的当属硅灰。

硅灰也称 SiO_2 粉尘、不定形 SiO_2 粉、活性 SiO_2 粉等，是冶炼硅铁合金或金属硅时的副产品。在电弧炉内，石英约在 2000℃ 被碳还原成金属硅，同时也产生 SiO 气体，随烟气逸出炉外，SiO 气体遇到空气被氧化成 SiO_2，随后冷凝成非常细小且具有活性的 SiO_2 颗粒，经收集得到硅灰。硅灰中 SiO_2 一般以无定形状态存在，结晶相一般小于 1%。硅灰呈圆球形，颜色从灰白到灰色，密度 2.2~2.3g/cm^3，熔点 1550~1570℃；颗粒极细，平均粒径 0.15μm 左右；比表面积 15~30m^2/g，因此具有很高的反应活性。硅灰加热到 500℃ 时，无定形的 SiO_2 转变成结晶 SiO_2，且随着温度的升高，结晶 SiO_2 的含量提高。在用锆英石生产脱硅氧化锆时也可收集到硅灰。与生产金属硅时得到的硅灰相比，该种硅灰的碱金属含量低、平均粒径小、pH 值低。添加这种硅灰的浇注料的流动性更好、使用寿命更长，在不定形耐火材料及建筑行业中具有广泛的用途。

D 半硅质天然原料

（1）蜡石。蜡石是指矿物组成为叶蜡石的矿物，因呈致密块状产出，有滑腻感，具有蜡状光泽，故名蜡石，习惯上也称作叶蜡石。蜡石主要由酸性岩浆（以凝灰岩、熔结凝灰岩为主）经火山热液或火山热岩交代充填而成，少数为变质成因。自然界中纯叶蜡石集合体产出很少，一般以类似的矿物呈片状、辐射状集合体产出。矿石以块状为主，也有土状和纤维状，呈不透明至半透明。外观颜色随伴生矿物的不同而不同，有白色、灰白、浅绿、黄褐等，质纯者为白色。叶蜡石的化学式为 $Al_2[Si_4O_{10}](OH)_2$ 或写为 $Al_2O_3 \cdot 4SiO_2 \cdot H_2O$，理论化学组成为 Al_2O_3 28.3%、SiO_2 66.7%、H_2O 5.0%。叶蜡石属层状硅酸盐结构，其结构由上、下两层硅氧四面体之间夹一层 Al—(O, OH) 八面体构成。在 Al—(O,OH) 八面体中，Al^{3+} 填充八面体间隙，配位数为 6，即被 4 个 O^{2-} 和 2 个 OH^- 所包围。在叶蜡石的晶体结构中，四面体中的 Si^{4+} 可被少量的 Al^{3+} 置换，八面体中的 Al^{3+} 可被少量的 Mg^{2+}、Fe^{2+}、Fe^{3+} 所置换，在单位层之间还可能存在少量的 K^+、Na^+、Ca^{2+} 等离子，所以自然界中叶蜡石的成分与其理论成分有所差别。

（2）硅藻土。硅藻土是一种生物成因的硅质沉积岩，主要由古代硅藻的遗体组成。硅藻土呈疏松土状，孔隙率达 80%~90%，能吸收本身质量 1.5~4 倍的水。硅藻土中的硅藻有许多不同的形状，如圆盘状、针状、筒状、羽状等。当杂质含量较低时，呈白色、灰白色等浅色；当杂质的含量增加时，则呈现出灰色、灰绿色、灰褐色等深色。当原土中的水分含量较高时，颜色也将变深一些。SiO_2是硅藻土的主成分，通常在 80%以上，最高可达 94%。硅藻土中无定形 SiO_2 的含量越高，它的质量越好。另外，还含有少量 Al_2O_3、Fe_2O_3、CaO、MgO、K_2O、Na_2O 等杂质。松装密度是评价硅藻土质量好坏的一个重要指标，松装密度越小，原土质量越好。比表面积与硅藻土中硅藻的种类、外形、壳壁的孔纹大小和形态等因素有关，而与硅藻壳体的破坏程度关系不大，通常为 19~65m^2/g。硅藻土是热、电、声的不良导体，其导热系数极小，因而常用作隔热材料；硅藻土化学成分稳定，不溶于除氢氟酸以外的任何酸，但能溶于强碱。

2.1.2.2　高铝质耐火原料

高铝耐火原料是指 Al_2O_3含量大于 48%的耐火原料，主要包括氧化铝质、铝矾土以及合成莫来石等，是生产传统耐火材料的主体原料之一。

A　高铝矾土

矾土矿是一种由铝的氢氧化物以各种比率构成的细分散胶体混合物。耐火材料行业中所称的铝矾土通常指煅烧后 Al_2O_3 含量大于 48%、Fe_2O_3含量较低的铝土矿。铝矾土的化学成分主要有 Al_2O_3、SiO_2、Fe_2O_3、TiO_2，约占总成分的 95%；次要成分有 CaO、MgO、K_2O、Na_2O、MnO_2以及有机质与微量成分 Ga、Ge 等。

我国有丰富的铝矾土资源，约 25 亿吨，居世界前列，与几内亚、澳大利亚、巴西同属世界上矾土资源四大国，主要分布在山西、山东、河北、河南、贵州、四川、广西、湖南等地。铝矾土是生产高铝质耐火材料、氧化铝等的主要原料。我国矾土中 Al_2O_3 含量一般在 45%~80%之间。铝矾土的 Al_2O_3 和 SiO_2 的含量消长呈相反关系，Fe_2O_3 的含量大多数在 1.0%~1.5%之间，CaO 和 MgO 的含量均较低，K_2O 和 Na_2O 的含量一般小于 1%，TiO_2的含量一般为 2%~4%。

矾土的灼减量为14%左右。

Al_2O_3是铝矾土的主要化学成分，其存在形式主要是铝的氢氧化物，其次还有铝硅酸盐即黏土矿物。铝的氢氧化物见表2-3。

表2-3 铝的氢氧化物

名 称	别 名	晶 系	化学式	Al_2O_3含量/%	H_2O含量/%
一水硬铝石	硬水铝矿、水铝石	斜方	α-$Al_2O_3 \cdot H_2O$	85	15
一水软铝石	勃母石、波美石、水铝石	斜方	γ-$Al_2O_3 \cdot H_2O$	85	15
三水铝石	水铝氧石、氢氧铝石、三水铝矿	单斜	$Al_2O_3 \cdot 3H_2O$	65.4	34.6

矾土主要由一水硬铝石、一水软铝石、三水铝石等三种铝的氢氧化物所组成，常含高岭石、铁矿物和钛矿物等杂质。我国矾土生料的矿物主要是一水硬铝石矿物，少量是以一水软铝石为主，个别地区（福建、海南）则以三水铝石矿物为主。

（1）一水硬铝石，又称水铝石、硬水铝矿。化学式为α-$Al_2O_3 \cdot H_2O$或α-AlO(OH)，其中含Al_2O_3 85%、H_2O 15%，是我国铝矾土中的主要矿物。一水硬铝石为斜方晶系，晶面上有纵条纹，沿（010）面发育成薄片状或沿C轴伸长的柱状、针状。颜色为白色、灰绿、灰白、淡紫或黄褐色。一水硬铝石形成于酸性介质，水化后可变成三水铝石，加热时于530~600℃失水变为α-Al_2O_3。

（2）一水软铝石，又称勃姆石。化学式为γ-$Al_2O_3 \cdot H_2O$或γ-AlO(OH)，其中含Al_2O_3 85%、H_2O 15%，与一水硬铝石属同质异象。一水软铝石为斜方晶系，晶体呈小菱形片状或扁豆状，其特点是（010）面具有光泽，颜色为白色或微黄色。一水软铝石可溶于酸和和碱。一水软铝石形成于酸性介质，主要产生于沉淀铝矾土矿中，可被一水硬铝石、三水铝石和高岭石替代，水化后可变成三水铝石，加热时于530~600℃失水变为γ-Al_2O_3。

（3）三水铝石，又称三水铝矿、水铝矿、水铝氧石。化学式为$Al_2O_3 \cdot 3H_2O$，其中含Al_2O_3 65.4%、H_2O 34.6%。属单斜晶系，假六方片状晶形，常呈鳞片状集合体或结核状、豆状、隐晶质块状。白色或带浅灰、浅绿、浅红色，有玻璃光泽。加热时于160℃开始失水，250℃已经逸出 2 个结晶水，有转变为勃姆石的现象，继续加热到 500℃时，几乎全部转变为无水铝氧，并逐步从 γ-Al_2O_3转变为 α-Al_2O_3。

铝土矿中的含水硅酸盐主要是黏土类矿物，有高岭石、叶蜡石和伊利石。高岭石为细鳞片状结晶，有时可以见到结晶发育较好的晶体，高岭石有时和水铝石均匀分布。叶蜡石多为结晶良好的聚片晶体，呈波状消光。伊利石通常呈细分散状，不易测定其光性，其赋存的 R_2O 常使铝矾土的 R_2O 含量较高。

B 氧化铝质耐火原料

氧化铝质耐火原料是指由电熔或烧结而制成的、以 α-Al_2O_3为主晶相的、Al_2O_3含量较高的材料。通常可以把 Al_2O_3含量大于 94.5%的原料划归为氧化铝质耐火原料。

（1）工业氧化铝。工业氧化铝是将铝矾土原料经过化学处理，除去硅、铁、钛等的氧化物而制得，是纯度很高的氧化铝原料，Al_2O_3 含量一般在 99%以上。矿相是由 40%~76%的 γ-Al_2O_3和 24%~60%的 α-Al_2O_3组成。γ-Al_2O_3于 950~1200℃可转变为 α-Al_2O_3（刚玉），同时发生显著的体积收缩。从铝矾土矿或其他含铝原料提取氧化铝的方法很多，大致有碱法、酸法、酸碱联合法与热法四类。碱法又分为拜耳法、烧结法以及拜耳-烧结法等多种流程。目前，世界上 95%的氧化铝是由拜耳法生产的，少数采用烧结法或联合法。

（2）烧结氧化铝。烧结氧化铝又称烧结刚玉，是指以工业氧化铝为原料，经细磨制成料球或坯体，在 1750~1900℃烧结而成的具有粒状晶型的刚玉材料。Al_2O_3含量 99%以上的烧结氧化铝多由均一的细晶粒刚玉直接结合而成，显气孔率 3%以下，体积密度大 3.60g/cm^3，耐火度接近刚玉的熔点，高温下具有良好的体积稳定性和化学稳定性，不受还原气氛、熔融玻璃液和金属液的侵蚀，常温、高温机械强度和耐磨性较好。烧结氧化铝的典型性能见表 2-4。

板状氧化铝是一种不添加任何添加剂而烧成的收缩彻底的烧结氧化铝，具有结晶粗大、发育良好的 α-Al_2O_3结构。它由中等粒径为 40~200μm 的六方板状 α-Al_2O_3构成，故称之为板状氧化铝。在快速烧结时，亚微米级的 α-Al_2O_3重结晶形成的粗大晶体中包有闭口球状气孔，使板状氧化铝具有极好的体积稳定性和良好的抗热震性。

表 2-4 烧结氧化铝的典型性能

产地	化学成分/%				物理性能			
	Al_2O_3	SiO_2	Na_2O+K_2O	Fe_2O_3	体积密度/g·cm^{-3}	吸水率/%	显气孔率/%	烧结温度/℃
江苏	≥98.0	<0.6	<0.3	<0.5	>3.55	<0.8	<4.5	1830
辽宁	≥99.0	<0.1	<0.3	<0.1	≥3.55		<7.5	1850
山东	≥99.0	<0.35	<0.4	<0.25	>3.50	<1.5	<4.5	1900

（3）熔融氧化铝。熔融氧化铝又称电熔刚玉，是以煅烧氧化铝或铝矾土为原料，经电弧炉在还原气氛下熔融并与金属和其他杂质分离，再经冷却而制得。根据所用原料的不同，常见的品种有电熔白刚玉、电熔亚白刚玉、电熔棕刚玉和致密电熔刚玉。表 2-5 给出了各种电熔刚玉的性能。

表 2-5 各种电熔刚玉的性能比较

名称		白刚玉	致密刚玉	棕刚玉	亚白刚玉	青刚玉
原料		工业氧化铝	工业氧化铝	矾土熟料、无烟煤和铁屑		
产品颜色		白色	灰白色	棕褐色	灰色,灰白色	青色
体积密度/g·cm^{-3}		3.5~3.6	3.81	≥3.8	≥3.8	3.7~3.9
真密度/g·cm^{-3}		3.98~3.99	3.99	3.95~3.97	≥3.8	—
显微硬度		2200~2300	—	1800~2200	—	1370~1570
化学成分/%	Al_2O_3	>98.5	98.68	94.5~97	>98	>75
	SiO_2	<0.5	0.68	—	—	10~13
	Fe_2O_3	—	0.06	—	<0.5	8~11
	ZrO_2	—	—	—	—	—
	Cr_2O_3	—	—	—	—	—
	Na_2O	<0.6	0.11	—	—	—
相组成	主晶相	α-Al_2O_3	α-Al_2O_3	α-Al_2O_3	α-Al_2O_3	α-Al_2O_3
	次晶相	—	—	玻璃相	—	

2.1.2.3 黏土质耐火原料

黏土是自然界中硅酸盐类岩石，如长石、微晶花岗岩、斑岩、片麻岩等经过长期风化作用而形成的一种土状矿物。黏土是多种含水硅酸盐矿物的混合物，主要化学组成是 Al_2O_3 和 SiO_2 两种氧化物，其 Al_2O_3 含量和 Al_2O_3/SiO_2 比值越接近于高岭石矿物的理论值（Al_2O_3 39.5%，$Al_2O_3/SiO_2=0.85$），则表明此类黏土的纯度越高；黏土中高岭石含量越多，其质量越优良。Al_2O_3/SiO_2 比值越大，黏土的耐火度越高，黏土的烧结熔融范围也就越宽。黏土中的主要杂质为碱金属、碱土金属和铁、钛等的氧化物以及一些有机物。各种氧化物均起助熔作用，会降低原料的耐火度，因此，黏土中杂质含量尤其是 Na_2O 和 K_2O 含量越低，其耐火度越高。

黏土的分类方法有多种。根据可塑性，主要分为两类：强可塑性黏土（或称软质黏土）、弱可塑性黏土（或称硬质黏土）。可塑性介于硬质黏土和软质黏土之间的称为半软质黏土。根据黏土中的主要矿物类型，可分为高岭石族黏土、蒙脱石族黏土和伊利石族黏土。根据生成情况，可分为原生黏土和次生黏土。

A　软质黏土

软质黏土又称为结合黏土，多属于生成年代较晚的沉积矿床，常和煤层伴生在一起，为土状碎屑岩，组织松软。软质黏土的颗粒细微，在水中易分散，有较高的可塑性和结合性，软质黏土矿的主要矿物组成为高岭石和多水高岭石，夹杂有其他杂质矿物，Al_2O_3 含量为 22%~38%。它的外观颜色变化很大，有灰色、深灰色，甚至黑色，也有紫色、淡红色以及白色。有些软质黏土受地质变化的热压作用而变得致密，失去部分可塑性，成为半软质黏土。半软质黏土主要伴生于煤层，并夹杂有黄铁矿，它是黏土中最有害的杂质，其可塑性较软质黏土差，Al_2O_3 含量在 25%~38%之间、SiO_2 和碱金属的含量较高。我国有工业价值的软质黏土主要是高岭石型黏土，主要用作耐火材料的可塑性原料。

B　硬质黏土

硬质黏土属沉积矿床。由于水、风等外力作用，常使次生黏土渐次重叠成层状，在长期的地压和地热的作用下被压紧，一部分成为板岩或页岩状的黏土，这就是硬质黏土。经成岩作用使硬质黏土的组织结构十分致密，质地坚硬，有贝壳状断口，有的表面稍有滑腻感。外观颜色一般呈浅灰色、灰白色或灰色，易风化破碎成碎块。硬质黏土的颗粒极细，在水中不易分散，可塑性较低。目前我国已知的硬质黏土多为高岭石矿物的沉积黏土，间或也有迪开石或水云母类矿物伴生。其 Al_2O_3 和 SiO_2 含量的波动较小，从化学组成看，它接近高岭石的理论组成，所含杂质除游离石英外，还有少量含铁矿物和碱金属氧化物。其耐高温性能随其中 Al_2O_3 含量差异而不同，若钾、钠氧化物等杂质较多，将明显影响其耐火性能。硬质黏土主要用于制造黏土质耐火制品。

2.2 硅铝系固体废弃物的产生与资源化利用

2.2.1 大宗固废的产生与危害

大宗工业固体废物是指我国各工业领域在生产活动中年产生量在1000 万吨以上、对环境和安全影响较大的固体废物，主要包括尾矿、煤矸石、粉煤灰、冶炼渣、工业副产石膏、赤泥和电石渣等。

随着工业化、城镇化进程的加快，我国工业领域的资源消耗量将进一步加大，由于资源开采和利用带来的环境问题与过度依赖资源进口引起的资源供应安全性问题将日益突出，工业发展将面临更为严峻的资源、环境约束的挑战。2010 年，我国主要金属矿产资源仍然保持着较高的对外依存度，其中铁矿石、铜精矿、铝土矿、锌精矿对外依存度分别为 60%、75%、40% 和 30%，资源短缺愈加成为瓶颈性制约因素。回收利用尾矿、冶炼渣等大宗工业固体废物中所含有的有价金属组分，可以有效补充金属矿产资源，提高国内资源保障力度。我国城镇化建设每年需要 160 亿吨以上的非金属矿物资源，充分利用大宗工业固体废物代替天然矿物资源，可以大幅减少天然非金属矿物资源的开发。

“十一五”期间，大宗工业固体废物产生量快速攀升，总产生量118 亿吨，堆存量净增 82 亿吨，总堆存量将达到 190 亿吨。“十二五”期间，随着我国工业的快速发展，大宗工业固体废物产生量也将随之增加，预计总产生量将达 150 亿吨，堆存量将净增 80 亿吨，总堆存量将达到 270 亿吨，大宗工业固体废物堆存将新增占用土地 40 万亩。堆存量增加将使得环境污染和安全隐患加大，大宗工业固体废物中含有的药剂及铜、铅、锌、铬、镉、砷、汞等多种金属元素，随水流入附近河流或渗入地下，将严重污染水源。干涸后的尾砂、粉煤灰等遇大风形成扬尘，煤矸石自燃产生的二氧化硫会形成酸雨，对环境造成危害。尾矿库、赤泥库等超期或超负荷使用，甚至违规操作，会带来极大安全隐患，对周边地区人民财产和生命安全造成严重威胁。另外，大量非金属天然矿物资源的开采也引起严重的环境、生态破坏等问题。

表 2-6 为 2005~2010 年大宗工业固体废物（不含电石渣，“十一五”期间电石渣综合利用情况较好，利用率接近 100%）综合利用情况。同 2005 年相比，2010 年大宗工业固废的综合利用量和综合利用率得到了显著提升。尽管大宗工业固体废物综合利用在“十一五”期间取得了明显成效，但仍存在一些问题：

（1）区域发展不平衡。受地域资源禀赋和经济发展水平影响，不同地区大宗工业固体废物产生、堆存及综合利用情况差异较大，其中粉煤灰最为突出。山西、内蒙古、陕西等地区粉煤灰产生和堆存量大，利用率低；北京、上海和东部沿海地区，利用水平较高，已经出现粉煤灰供应缺口。

（2）企业规模小。大宗工业固体废物综合利用与上游企业的主营业务关联度低、受重视程度不够，造成专业从事大宗工业固体废物综合利用的企业以中小型为主，平均产值不到 2000 万元，缺乏具有较强市场竞争力的跨区域、跨省份的大型专业化企业集团，企业资源整合能力差，无法获得明显的规模效益。

（3）技术支撑能力不足。目前，大宗工业固体废物综合利用尚存在许多技术瓶颈，尤其缺乏大规模、高附加值利用且具有带动效应的重大技术和装备，大宗工业固体废物综合利用基础性、前瞻性技术研发方面投入不够。多数企业研发能力较弱，技术装备落后，缺少研发投入的积极性。现有技术装备水平不能为大宗工业固体废物综合利用产业发展提供有效支撑，制约了综合利用产业发展。

（4）现有支持政策有待进一步完善。目前，缺少对大宗工业固体废物综合利用的强制性要求和针对性奖惩措施，企业缺乏利用大宗工业固体废物的压力与动力；现有财税政策支持力度不够，一些工业固体废物综合利用新产品尚未列入税收优惠目录，尚未建立大宗工业固体废物综合利用专项资金；部分地区还存在政策落实难、执行中有偏差等问题。

表 2-6 大宗工业固体废物综合利用情况（2005~2010 年）

种 类	产生量/万吨		综合利用量/万吨		综合利用率/%	
	2005 年	2010 年	2005 年	2010 年	2005 年	2010 年
尾矿	71400	121400	5000	17000	7	14
煤矸石	37000	59800	19600	36500	53	61
粉煤灰	30100	48000	19900	32600	66	68
冶炼渣	18000	31700	9000	19000	50	60
工业副产石膏	5000	12500	500	5000	10	40
赤泥	1000	3000	20	120	2	4
合 计	162500	276400	54020	110220	33	40

表 2-7 列出了大宗工业固体废物综合利用发展目标。预计到 2015 年，大宗工业固体废物综合利用量达到 16 亿吨，综合利用率达到 50%，年产值 5000 亿元，提供就业岗位 250 万个。“十二五”期间，大宗工业固体废物综合利用量达到 70 亿吨；减少土地占用 35 万亩，有效缓解生态环境的恶化趋势。本规划涵盖的六种大宗工业固体废物是工业固体废物的一部分，且占较大比重，合理确定大宗工业固体废物综合利用率的目标，对落实、细化、完成《工业转型升级规划（2011~2015 年）》中“工业固体废物综合利用率 72%”的指标将起决定性的作用。研发一批具有自主知识产权的原创技术，推广一批先进适用技术；培育一批具有较高技术装备水平和市场竞争力的大宗工业固体废物综合利用专业化企业；建设一批以大宗工业固体废物综合利用为主要特色的国家新型工业化产业示范基地；打造以大宗工业固体废物综合利用为关键节点的循环经济产业链；构建适合我国国情的

大宗工业固体废物综合利用管理体系。

表 2-7　大宗工业固体废物综合利用发展目标

种　类	产生量/万吨		综合利用量/万吨		综合利用率/%	
	2010 年	2015 年	2010 年	2015 年	2010 年	2015 年
尾矿	121400	130000	17000	26000	14	20
煤矸石	59800	73000	36500	51100	61	70
粉煤灰	48000	56600	32600	39600	68	70
冶炼渣	31700	44000	19000	33000	60	75
工业副产石膏	12500	15000	5000	9750	40	65
赤泥	3000	3500	120	700	4	20
合　计	276400	322100	110220	160250	40	50

注：表中数据来源于工信部出台的《大宗工业固体废物综合利用“十二五”规划》（工信部规［2011］600 号）。

大宗固废综合利用的重点领域是针对各类大宗工业固体废物的物质特性，通过原始创新和集成创新，加大综合利用产业链关键环节的重大共性关键技术与成套装备研发力度，加快先进适用技术推广应用，有效提升大宗工业固体废物综合利用技术水平，基本形成大宗工业固体废物综合利用产业技术支撑体系；针对各类大宗工业固体废物的产生和利用的区域性特征，推动机制体制创新，建设大宗工业固体废物综合利用产业化基地，形成产业集聚效应；以大宗工业固体废物综合利用产业及其关联产业立体化链接为纽带，构建循环经济产业链，培育和扶持大宗工业固体废物综合利用专业化、现代化企业和资源综合利用企业集群。尽管“十二五”期间大宗工业固体废物综合利用面临着十分艰巨的任务和更为巨大的压力，但从宏观环境来看，我国必将迎来一个有利于大宗工业固体废物综合利用产业快速发展的极好机遇期。

在大宗工业固废中，煤矸石、粉煤灰由于主要化学成分是由 Al_2O_3、SiO_2 组成，并且还含有少量残碳，因此不仅可以归为硅铝系大宗固废，还可以作为赛隆合成的主要原料。两者中又以煤矸石合成赛隆的优势更大，这是由于煤矸石中不仅碳含量较高，可以显著减少合成原料中的还原剂成本；另外粉煤灰在建材领域已经得到了广泛的利用，某些地区的价格达到了每吨数百元，作为赛隆合成的原料其原料成本远高于煤矸石。

2.2.2 煤矸石的产生与危害

煤炭是我国最主要的一次能源，约占能源生产和消费量的70%，煤炭为我国提供了70%以上的发电原料、80%的民用燃料和60%的化工原料。煤炭在为国民经济和社会发展作出巨大贡献的同时，也给我国的生态环境造成了极大的破坏。煤炭不仅造成严重的环境污染，而且产生了大量的废弃物。如何高效、清洁、合理利用煤炭工业的废弃物，不仅对于实现资源高效利用，而且对于环境保护、实现煤炭工业的可持续发展等均具有重要的意义。

煤矸石是煤炭开采和加工过程中排放的废弃物，在大宗工业固废中产量仅次于尾矿。煤矸石主要有三种类型：煤层开采产生的煤矸石，由煤层中的夹矸、混入煤中的顶底板岩石如炭质泥（页）岩和黏土等组成；岩石巷道掘进（包括井筒掘进）产生的煤矸石，主要由煤系地层中的岩石如砂岩、粉砂岩、泥岩、石灰岩、岩浆岩等组成；煤炭洗选时产生的煤矸石（即洗矸），主要由煤层中的各种夹石如黏土岩、黄铁矿结核等组成。目前我国煤矸石的积存量已达41亿吨以上，并且仍以每年亿吨以上的速度递增。矸石山侵占着大量的土地，其中大部分为耕地。

煤矸石的危害体现在以下几方面：

(1) 占用大量土地、破坏自然和建筑景观。堆储煤矸石需要占用大量土地，截止到2000年年底，全国有煤矸石山1500多座，占地约22万多公顷。土壤是很难再生的资源，中国是一个耕地资源非常紧缺的国家，人均耕地占有量只有1.51亩，仅为世界人均水平的45%；我国以占世界7%的耕地要养育占世界22%的人口，耕地资源十分宝贵，而随着煤矸石排放量的增加，占地面积还将进一步扩大。

矸石风化物的矿物组成和化学成分与土壤接近，故多年后也能生长少量的植物。植物以草本为主，也有极少量的木本植物。生物生长一般都正常，但植被覆盖率较低，一般植物覆盖率仅10%~30%，黑色地面大部分还是暴露的。在酸性较强的矸石山上就寸草不生。巨大且表面裸露的矸石山严重影响矿区自然景观，矸石山已成为煤炭矿区的不良标志。另外，矸石山被风蚀扬尘，尘埃落在建筑物上，使其失去原来的色调，还会降低空气清洁度和大地的光照度，使矿区环境浑浊不清，严重影响人类及植物的生长，破坏了原本生机的自然景观。

（2）污染土壤、大气和地下水。矸石山对土壤、大气和地下水的破坏主要有三种途径：

1）矸石山风蚀扬尘，并悬浮于大气中，向矸石山周围的地方降落。降尘中含有各种重金属元素，严重污染土壤。矸石堆积成山后，表面矸石半年至一年后会产生一层风化层，可十几年保持不变。随着时间推移风化层颗粒逐渐变细，原矸石都是较大的石块，经风化后，颗粒变小，颗粒由石块（5~10mm）逐渐风化成粗砾（2~5mm）、砂粒（0.5~2.0mm），以及更细的颗粒。在风速达到4.8m/s时，颗粒就会起飞并悬浮于大气中。这种悬浮于大气中的粉尘含有很多对人体有害的元素，如汞、铬、镉、铜、砷等。颗粒小的会被人体吸入肺部，导致气管炎、肺气肿、尘肺等疾病，更严重的还能导致肺癌的发生；颗粒大的进入眼、鼻，引起感染，危及人体健康。

2）矸石受冲刷而使重金属随降水形成地表径流进入土壤，破坏土壤的养分，并对土壤中微生物的活动产生影响，这些有害成分的存在，不仅有碍植物根系的发育和生长，而且还会在植物有机体内积蓄，通过食物链危及人体健康。矸石山的风化物无黏结性，矿物颗粒可随降水而移动，风化物中某些成分可随降水进入水域。矸石风化过程中可分解出部分可溶盐，呈斑状分布，可随水移动。矸石中还含有多种痕量重金属元素，如铅、镉、汞、砷、铬等，可造成水污染，污染程度取决于这些元素含量和淋溶量。风化和自燃使矸石风化物由中性变酸性，酸性最强时，pH值可达到3，由矸石山流出的水呈现酸性，对周围环境与水域会造成污染和影响。当人们饮用时，其中的重金属严重危害人体健康，长期污染会使水源水质逐渐酸化；当用来养殖时，会造成鱼类和其他淡水生物的死亡，破坏生态环境。

3）矸石山自燃释放出大量SO_2、NO_2等气体，这些气体在空气中氧化为酸，并随雨水降落地面（即酸雨），酸雨会使土壤发生酸化和盐渍化，影响农作物生产。由于煤矸石主要由炭质页岩组成，其中还混有少量的煤和黄铁矿（FeS_2）等可燃物；而且矸石山上矸石大量堆积、体积大、着火点低，矸石堆置中产生的空隙为矸石自燃提供所需的氧气，这些内因和外因促使矸石的自燃，自燃时会弥散大量的 SO_2、CO 和 H_2S 等有害气体以及 NO_x、苯并（a）芘等有毒害的气体，大量 SO_2、NO_x，是造成酸雨的源头之一。

（3）自燃、爆炸和辐射危害。煤矸石具有一定的硫含量，矸石堆积后由于内部发热，温度升高 800~1200℃，形成一个内部高温、高压的环境，据热力学理论，当其内部温度和压力达到一定程度时就会发生爆炸，我国曾多次发生矸石山爆炸事故，造成多人伤亡。矸石山在轻微爆炸或受地下开采影响时，常发生滑坡事故。

另外，煤矸石在采出、运输、堆放等过程中，由于逐渐破碎，裸露面积逐渐增大，从而扩大了与空气的接触面积，其中的放射性元素浓度增大，超过基本底值，便造成辐射污染。例如对人们危害性最大的氡，它是导致矿工肺癌的主要原因之一。

综上所述，煤矸石的危害具有规模大，且对土壤、大气和地下水复合污染的特性，而实现煤矸石的资源综合利用将是解决煤矸石危害的重要途径。现阶段解决煤矸石的利用问题已经迫在眉睫，煤矸石综合利用研究的目的是为了使煤矸石综合利用更加合理，既满足技术要求，同时又具有较高的经济效益和社会效益。从长远的角度出发，将可以使煤炭工业走上一条可持续发展的良性循环道路。

2.2.3 煤矸石资源综合利用发展现状

国内采煤、选煤过程中的煤矸石被剔除而丢弃，所以几乎所有的煤炭矿区的煤矸石都堆积如山。我国对煤矸石的治理思想从环境卫生角度考虑较多，而环境保护意识似乎还不够，处置方法是以消极的堆放保存为主。这种以堆储为主的煤矸石治理方法付出的代价是相当大的，而且已经带来了诸多的社会问题和环境问题。

面对我国工业化进程中资源短缺和环境日益恶化的问题，随着我国经济的发展，大力发展循环经济，开发生态节能材料，加快建立资源节约型社会，就显得尤为重要、迫切。发展循环经济，以资源的高效利用和循环利用为核心，以“减量化、再利用、资源化”为原则，以低消耗、低排放、高效率为基本特征，实现“资源—产品—废弃物—再生资源”的反馈式循环过程，可以更有效地利用资源和保护环境，以尽可能小的资源消耗和环境成本，获得尽可能大的经济效益和社会效益，把清洁生产、资源综合利用、可再生资源和能源开发、产品的生态设计和生态消费等融为一体，运用生态学规律来指导社会经济活动，使每一生产过程产生的废物都可变成下一生产过程的原料，所有物质都能得到循环往复的利用。以尽可能少的资源消耗和尽可能小的环境代价，取得最大的经济产出和最少的废物排放，实现经济、环境和社会效益相统一，建设资源节约型和环境友好型社会。

2.2.3.1　煤矸石固废的资源综合利用

目前，根据煤矸石含热量的不同和其矿物成分差别，主要用途有填坑铺路、发电、制备水泥、建筑材料等。

(1) 煤矸石填坑铺路。煤矸石可以用于充填采煤塌陷区和露天矿坑，并复垦后可以造地造田。对处于开发早期，尚未形成大面积沉陷区或未终止沉降形成塌陷稳定区的矿区，可采用预排矸复垦。另外，煤矸石可以充填沟谷等低洼地作建筑工程用地。在道路等工程建设中，煤矸石可以代替黏土作为基材，也可用于加垫路基、堤坝等。

(2) 煤矸石发电。日本有10多座这种电厂，所用中煤和矸石的混合物，一般每千克发热量为1.46×10^7J(3500kcal)；火力不足时，用重油助燃。德国和荷兰把煤矿自用电厂和选煤厂建在一起，以利用中煤、煤泥和煤矸石发电。我国煤矸石发电经过十多年的发展，在锅炉燃烧技术、环境保护等方面已经取得了长足的进步。国家发展改革委发布的《中国资源综合利用年度报告（2012）》（以下简称《报告》）显示，我国煤矸石、煤泥发电装机容量达2.8×10^7kW，相当于减少原煤开采4200万吨。

(3) 作为生产建材原料及制备建材产品。根据煤矸石的不同岩性，通过特殊的技术处理，可以作为生产建材原料及制备建材产品。煤矸石可以部分或全部代替黏土配制水泥生料，烧制硅酸盐水泥、普通硅酸盐水泥等。煤矸石可作为硅质原料或铝质原料，应用于许多烧结陶（瓷）类建材产品的生产，并充分利用其所含的发热量。以石灰岩为主的煤矸石可以生产石灰。煤矸石通过烧结等工艺，可以制造成空心砖等新型建筑材料；还可用矸石生产轻骨料，代替石子生产轻型建筑材料等。

（4）其他利用方式。利用煤矸石生产增白和超细高岭土；利用煤矸石可以生产氯化铝、聚合氯化铝等化工产品；利用煤矸石生产增白和超细高岭土；利用煤矸石可以制备岩棉及其制品、赛隆耐火材料、特种硅铝铁合金等。

2.2.3.2 煤矸石制备赛隆的研究

同传统煤矸石利用方式相比，制备赛隆材料是近年来广泛研究的煤矸石资源综合利用方向之一。因煤矸石的产地不同，煤矸石的化学成分差别较大，主要是 MgO、CaO、Fe_2O_3、TiO_2等杂质含量的差异。一般煤矸石的化学成分里含有的 MgO 和 CaO 较少，而且它们可以固溶在赛隆中，对赛隆性能的影响较小。根据还原方式的不同，煤矸石合成赛隆可以采用金属还原和碳热还原方式。从经济角度而言，采用碳热还原方式成本更低，还原剂可以采用煤矸石中的残碳、炭黑或活性炭等。

目前，煤矸石用于合成 β-赛隆、O′-赛隆和 α-赛隆得到广泛的研究，但研究大多为实验室合成，且大多针对合成原料、合成温度和保温时间等的研究，其系统性和全面性有待理论完善，大多未能进行工厂规模化生产应用，这些均不利于实现低成本制备赛隆的进一步工业化应用。

从经济、能源等方面考虑，煤矸石还原氮化合成赛隆的研究是煤矸石利用的一个重要方向。由于所选原料的成分并非完全相同，煤矸石自身含有其他微量杂质，添加剂的加入、具体操作工艺的不同，都会对中间反应产生一些影响，致使整个反应体系复杂以及反应机理不完全相同。因此，在实验室研究基础上，开展理论和材料合成的综合分析，通过理论进行指导，通过实践加以验证，将有助于实现赛隆的低成本、普适性、规模化生产及应用。

3 赛隆制备的热力学

化合物标准生成吉布斯自由能 $\Delta_r G^{\ominus}$ 是指在某温度及标准状态下，由稳定的单质元素生成 1mol 化合物时的标准吉布斯自由能变化。标准吉布斯自由能的计算和分析在冶金和材料热力学分析中占有十分重要的地位，其主要作用之一是对高温冶金、材料制备等过程的反应进行热力学分析，判断过程中化学反应的趋势即限度。用大量的热力学平衡数据绘制的热力学参数状态图（含有化学反应的广义化的相图）是进行热力学分析的一种简单、直观的方法，它是以图解方式表明各独立的热力学参数与体系中平衡共存相之间的关系。其特点是比较直观、能在较小篇幅内概括较大量的平衡信息、直接得到有关体系的热力学性质等。它利用热力学数据进行运算，推算冶金和材料制备反应的平衡数据，在科研和生产实际中有着广泛的应用。

3.1 化学反应的标准吉布斯自由能

在通常情况下，冶金和材料制备过程可近似看作是在恒温、恒压条件下进行的。判断过程进行的方向通常用范特霍夫化学反应等温式，计算实际条件下反应系统的吉布斯自由能变化 $\Delta_r G$ 。

$$\Delta_r G = \Delta_r G^{\ominus} + RT\ln Q \tag{3-1}$$

$$\Delta_r G^{\ominus} = - RT\ln K^{\ominus} \tag{3-2}$$

$$\Delta_r G^{\ominus} = \Delta_r H^{\ominus} - T\Delta_r S^{\ominus} \tag{3-3}$$

式中 Q——实际条件下反应前后物质的压力（Pa）或浓度（活度）之比；

$K^{\ominus}$——标准平衡常数；

$\Delta_r G^{\ominus}$——标准状态下系统吉布斯自由能的变化。

$\Delta_r G$ 负值越大，反应向指定方向进行的可能性就越大。由式(3-1)可知，要计算 $\Delta_r G$ ，必须先计算 $\Delta_r G^{\ominus}$ 。$\Delta G^{\ominus}$ 可以是在标准状

态下化学反应吉布斯自由能 $\Delta_r G^{\ominus}$，也可以是物质（化合物）的标准生成吉布斯自由能 $\Delta_f G^{\ominus}$。标准状态下，由稳定的单质元素生成 1mol 化合物的吉布斯自由能的变化，称为化合物的标准生成吉布斯自由能 $\Delta_f G^{\ominus}$；$\Delta_r G^{\ominus}$ 的负值越大，生成的化合物越稳定，也表示在标准状态下反应自发进行的可能性越大。由 $\Delta_r G^{\ominus}$ 可以求出标准平衡常数 $K^{\ominus}$，从而知道反应进行的程度。所以，计算 $\Delta_r G^{\ominus}$ 具有重要的实际意义，但也有其一定的局限性。

计算室温纯物质化学反应标准吉布斯自由能最直接的方法是，由生成物的标准吉布斯自由能之和减去反应物标准吉布斯自由能之和得到，即 $\Delta_r G^{\ominus}_{298} = \sum(\nu_i \Delta_f G^{\ominus}_{i,298})_{生成物} - \sum(\nu_j \Delta_f G^{\ominus}_{j,298})_{反应物}$。在一些热力学数据手册中通常都给出各种纯物质 298K 的标准生成吉布斯自由能，计算室温反应标准吉布斯自由能非常方便。然而，冶金和材料制备过程的反应通常在高温下进行，不能依据室温的反应标准吉布斯自由能来分析判断反应进行的情况。因此，必须知道反应标准吉布斯自由能与温度的关系，计算指定温度下反应标准吉布斯自由能，由此才能作为判据使用。

在冶金和材料制备科学计算中常用近似式求 $\Delta G^{\ominus}$，即用 $\Delta G^{\ominus}$ 与 T 的二项关系式。如果将 $\Delta G^{\ominus}$ 与 T 关系的曲线近似地视为直线，则可以用二项式取代多项式，即：

$$\Delta G^{\ominus} = b + aT \tag{3-4}$$

式中　b——平均热焓；

　　　a——平均熵变。

3.2　化学反应的热力学参数状态图

广义而言，凡能明确描绘出处于热力学平衡的单元及多元体系中各相的稳定存在区域的几何图形，都统称为相图。而习惯上，狭义地把恒压下的温度与组成相关系图称为相图，将除这以外的相图均称为热力学参数状态图，简称状态图。绘制热力学参数状态图时，可直接用变量作坐标，也可以用变量的特定函数作坐标，以使某些曲线在状态图上变为直线，便于直观地判断体系的平衡关系。

1944 年，埃林汉（Ellingham）第一次绘制出标准吉布斯自由能（$\Delta G^{\ominus}$）对温度图（又称氧势图）。1966 年，波贝克斯（Pourbaix）绘制了化学反应吉布斯自由能对温度图（又称波贝克斯-埃林汉图）。随后相继出现了各种热力学参数状态图，包括埃林汉图、氧势-硫势图、优势区图、平衡常数对温度图、蒸气压对温度图、电势-pH 图、极图和平衡常数对氧分压图等。原则上，任意两个或三个热力学参数为坐标绘制的几何图形统称为热力学参数状态图（又称广义相图）。因此，热力学参数状态图种类很多，且随热力学理论的不断发展和在科研、生产实际中应用的不断扩展，还在不断增加。在赛隆制备和应用过程中常用的热力学参数状态图主要有：（1）化学反应吉布斯自由能 $\Delta_r G$ 对温度图；（2）化学反应吉布斯自由能 $\Delta_r G$ 对 $RT\ln J$ 图，J 为等温方程式中的活度（压力）积；（3）化学反应平衡常数（$\lg K^{\ominus}$）对温度（$1/T$）图；（4）化学反应平衡常数 $\lg K^{\ominus}$ 对 $\lg(p_{O_2}/p^{\ominus})$ 图，等等。

3.2.1　化学反应标准吉布斯自由能与温度的关系图

为了能从直观上考查化合物的稳定性，了解元素的氧化和还原作用，埃林汉（Ellingham）将氧化物（硫化物及氯化物等）生成反应的标准吉布斯自由能 $\Delta_r G^{\ominus}$ 与 T 的关系绘制成图，称为埃林汉图，如图 3-1 所示。

埃林汉图以 1mol 氧替代生成 1mol 氧化物所需的氧作为比较的基准，判别各种氧化物的相对稳定性。这样，从图上线的位置就可以看出化合物的相对稳定顺序。因此，根据图中的直线及直线间的关系，就能帮助分析冶金与材料制备过程中的一些化学反应的热力学问题。

3.2.1.1　直线的意义

A　直线的斜率

由 $\Delta_r G^{\ominus}$ 与 T 关系二项式对 T 微分得：

$$(\partial \Delta_r G^{\ominus} / \partial T)_p = \alpha = -\Delta_r S^{\ominus} \tag{3-5}$$

式（3-5）表明图 3-1 中直线的斜率就是该氧化物的标准熵变（或标准生成熵）。它之所以是负值，是由于多数氧化物生成时反应

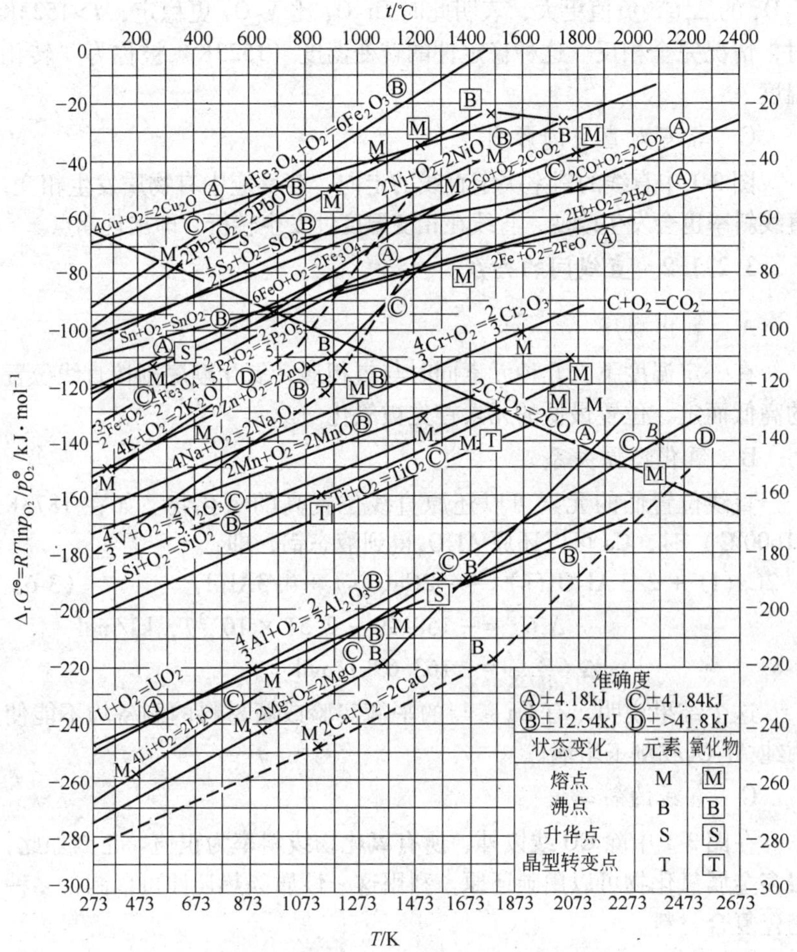

图 3-1 氧化物的 $\Delta_r G^{\ominus}-T$ 关系图

的熵值减小。

B 直线的位置

直线的位置高低表示：位置低的氧化物负值大，它的稳定性较大；直线的相对位置随温度而改变，说明各种氧化物的相对稳定性随温度而改变。如在 1523K（1250℃）时 $\Delta_r G^{\ominus}_{Cr_2O_3}=\Delta_r G^{\ominus}_{V_2O_3}$，表明此时 Cr_2O_3 和 V_2O_3 的稳定性相同；当温度 $T<1523K$ 时，Cr_2O_3 的 $\Delta_r G^{\ominus}$ 比

V_2O_3 的 $\Delta_r G^{\ominus}$ 负值更大，表明此时 Cr_2O_3 比 V_2O_3 更稳定；$T>1523K$ 时，情况完全相反。这种稳定性的转变温度（1523K）被称为“转化温度”。

C 相变对直线的影响

图 3-1 中直线的斜率决定直线的走向，若反应中有物质发生相变，直线斜率也会发生改变，直线在相变温度处发生转折，即出现拐点。

3.2.1.2 直线间的关系

A 氧化顺序

在一定温度下，几种元素同时与氧相遇，氧化顺序则按直线位置的高低而定，位置最低的元素首先被氧化。

B 氧化还原关系

直线位置低的元素可以还原直线位置高的氧化物。如在 1873K（1600℃）时，Ca 可以还原 Al_2O_3 得到液态铝，即：

$$2Ca(l) + 2/3\,Al_2O_3(s) =\!=\!= 2CaO(s) + 4/3Al(l) \tag{3-6}$$

$$\Delta_r G^{\ominus} = -158.99 - 2.51 \times 10^{-3}T,\ \text{kJ/mol}$$

$$\Delta_r G^{\ominus}_{1873K} = -163.69\text{kJ/mol}$$

这个结果说明，有 Ca 参与的平衡实验或新材料的制备均不能使用纯 Al_2O_3 或刚玉坩埚。

C 直线的斜率值

在图 3-1 中除 CO 线以外，所有氧化物线斜率为正值。正因如此，很多金属氧化物可以用碳还原。利用这一性质碳热还原可以制备多种陶瓷复合材料。

D CO 线

在图 3-1 中，CO 线将整个图划分成两个区域：在 CO 线以上的温度区域内，所有氧化物都可以被碳还原，如 FeO、WO_3、P_2O_5、MoO_3、SnO_2、NiO、CoO、Cu_2O 等；在 CO 线以下的温度区域内，氧化物如 CaO、MgO、Al_2O_3 等都比 CO 稳定，均不能被碳还原。

3.2.2 化学反应吉布斯自由能对 $RT\ln J$ 图

由等温方程 $\Delta_r G = \Delta_r G^{\ominus} + RT\ln J = \Delta_r H^{\ominus} - T\Delta_r S^{\ominus} + RT\ln J$ 知，在

某一指定温度下（即当温度确定后），一个反应的 $\Delta_r G^\ominus$（$\Delta_r H^\ominus$、$\Delta_r S^\ominus$）就为常数。因此，$\Delta_r G$ 与 $RT\ln J$ 成为一直线关系。

表 3-1 和表 3-2 分别列出了碳氧反应的 $\Delta_r G$ 值和硅氧反应的 $\Delta_r G$ 值。

表 3-1 碳氧化反应的 $\Delta_r G$ 值 (J/mol)

$\frac{p_{CO}}{p^\ominus}$	$R\ln J = 2R\ln \frac{p_{CO}}{p^\ominus}$	$\Delta_r G = \Delta G^\ominus + 2RT\ln(p_{CO}/p^\ominus)$			
		1000K	1200K	1400K	1600K
1	0	−399660	−434720	−469860	−505090
10^{-1}	−9.15	−437940	—	—	—
10^{-2}	−18.30	−476220	—	—	—

表 3-2 硅氧化反应的 $\Delta_r G$ 值 (J/mol)

a_{SiO_2}	$R\ln J = R\ln a_{SiO_2}$	$\Delta_r G = \Delta G_T^\ominus + RT\ln a_{SiO_2}$			
		1000K	1200K	1400K	1600K
1	0	−730110	−694960	−659820	−624670
10^{-1}	−19.14	−749270	—	—	—
10^{-2}	−38.28	−768390	—	—	—
10^{-3}	−57.43	−787510	—	—	—

根据表 3-1 和表 3-2 的数据绘制碳和硅的氧化反应的极图，如图 3-2 所示。

$$2C(s) + O_2(g) = 2CO(g) \quad (3\text{-}7)$$

$$\Delta_r G^\ominus = -223.93 - 175.73 \times 10^{-3} T, \text{ kJ/mol}$$

$$Si(s) + O_2(g) = SiO_2(s) \quad (3\text{-}8)$$

$$\Delta_f G^\ominus = -905.81 - 175.73 \times 10^{-3} T, \text{ kJ/mol}$$

由图 3-2 可以看出，对硅的氧化反应 $R\ln J$ 的值为零时，$\Delta_r G = \Delta_r G^\ominus$。将直线 a 延长到 $\Delta_r G = \Delta_r H^\ominus$ 点，用“Si”表示，并称为极点。由等温方程 $\Delta_r G = \Delta_r H^\ominus - T\Delta_r S^\ominus + RT\ln a_{SiO_2}$，当 $\Delta_r G = \Delta_r H^\ominus$ 时，则 $R\ln a_{SiO_2} = \Delta_r S^\ominus = -175.73 \times 10^{-3}\text{kJ/(mol·K)}$。因此，“Si”极点 $R\ln a_{SiO_2} = -175.73 \times 10^{-3}$，且与温度无关。同理延长 e 线，可以得

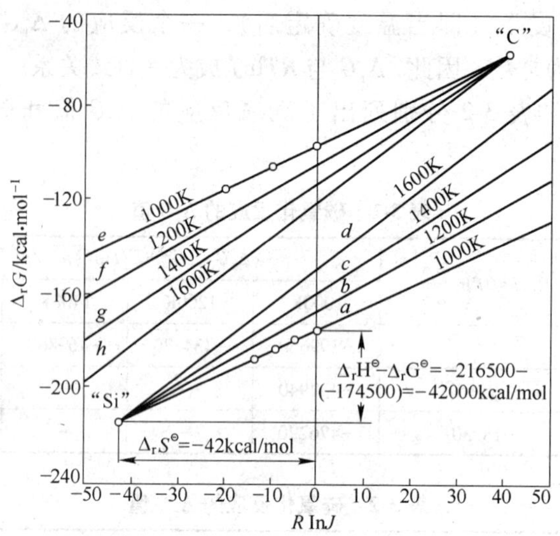

图 3-2 碳和硅氧化反应的极图（1kcal=4.184kJ）

到碳氧化反应的极点"C"。通过极点各条 Δ_rG 线的斜率，为该反应的温度。以 a 线为例，其斜率为：

$$T = (\Delta_rH^{\ominus} - \Delta_rG^{\ominus})/\Delta_rS^{\ominus} = 1000\text{K}$$

而连接两极点的直线的斜率即为两个反应的转化温度 $T_{转}$。以"C" - "Si"线（即图 3-3 中 m 线）为例，其斜率为：

$$T = (\Delta_rH^{\ominus}_{3\text{-}8} - \Delta_rH^{\ominus}_{3\text{-}7})/(\Delta_rS^{\ominus}_{3\text{-}8} - \Delta_rS^{\ominus}_{3\text{-}7}) = 1940\text{K}$$

T 为标准状态下（即在 $p_{CO}/p^{\ominus} = 1$，$a_{SiO_2} = 1$）求得，若状态改变，则需求出新状态下的极点。新极点间的连线的斜率仍为两个反应的转化温度。如图 3-3 中的 n 线为在非标准状态下（$p_{CO}/p^{\ominus} = 10^{-2}$，$a_{SiO_2} = 10^{-1}$）的斜率 $T_{转} = 1670\text{K}$。利用极图与下面反应的计算比较。

$$2C(s) + SiO_2(s) = Si(s) + 2CO(g) \tag{3-9}$$

由 $\Delta_rG^{\ominus} = -681.91 + 351.46 \times 10^{-3}T$，kJ/mol

得 $\Delta_rG = \Delta_rG^{\ominus} + RT\ln J = -681.91 + 408.86 \times 10^{-3}T$，kJ/mol

$$T = 1668\text{K}$$

计算结果 1668K 与由极图得到的结果 1670K 一致。由此可见，利用极图可以计算两个反应的进行温度和它们的转化温度。

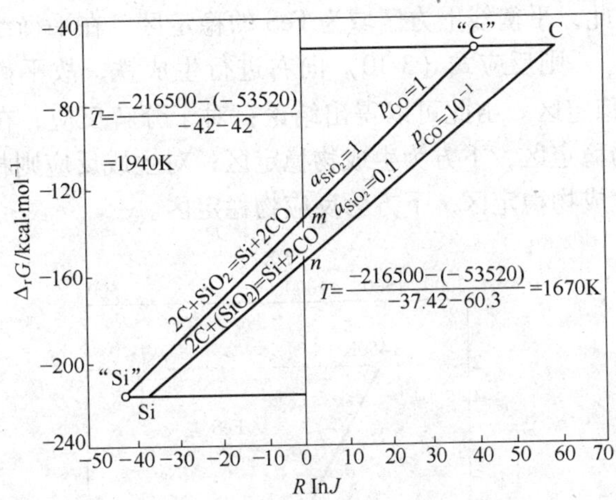

图 3-3 由极点求转化温度（1kcal=4.184kJ）

3.2.3 化学反应的平衡常数对温度图

对任何化学反应，若已知标准吉布斯自由能 $\Delta_r G^{\ominus}$，便可导出标准平衡常数 $K^{\ominus}$ 与温度 T 的关系，从而绘制 $\lg K^{\ominus}$ 对 $1/T$ 图。在这类图上可以直观地看到参与反应各物质的稳定区域及稳定条件。这类图可分为两种类型，化合物分解与生成反应的 $\lg K^{\ominus}$ 对 $1/T$ 图和交互反应的 $\lg K^{\ominus}$ 对 $1/T$ 图。

（1）以 FeS 分解为例，讨论分解反应的 $\lg K^{\ominus}$ 对 1/T 图。

$$2FeS(s) = 2Fe(s) + S_2(g) \tag{3-10}$$

$$\Delta_r G_T^{\ominus} = 304.60 - 156.90 \times 10^{-3}T,\ \text{kJ/mol}$$

得

$$\Delta_r G_T^{\ominus} = -RT\ln K_p^{\ominus} = -RT\ln(p_{S_2}/p^{\ominus})$$

$$\lg(p_{S_2}/p^{\ominus}) = -15908.38/T + 8.19$$

可作出图 3-4，由于 FeS 的熔点为 1468K，铁的熔点为 1809K，故满足反应式（3-10）的温度应低于 1468K，所以图中最高温度为 1450K。直线上方区域内任一温度下，实际硫分压 p'_{S_2} 高于平衡线上相同温度时的平衡硫分压 p_{S_2}。由等温方程：

$$\Delta_r G_T = -RT\ln(p_{S_2}/p^{\ominus}) + RT\ln(p'_{S_2}/p^{\ominus})$$

可知，由于 $p'_{S_2} > p_{S_2}$，故 $\Delta_r G > 0$，反应式（3-10）向左进行生

成 FeS。因此，平衡线上方区域为 FeS 的稳定区。在平衡线下方区域内 $p'_{S_2} < p_{S_2}$，则反应式（3-10）向右进行生成铁，故平衡线下方区域为 Fe 的稳定区。由此可以得出结论：对于分解反应，在平衡线上方为反应物稳定区，下方为生成物稳定区；对生成反应则相反，平衡线上方为生成物稳定区，下方为反应物稳定区。

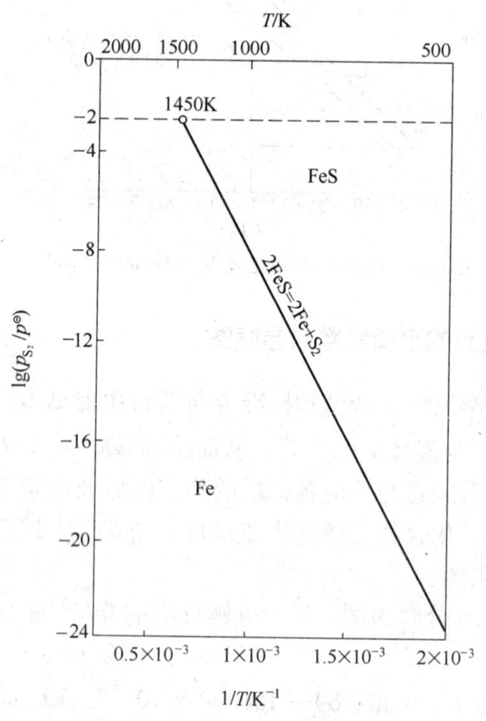

图 3-4　Fe-S 系平衡图

（2）以 NiO 的生成反应为例，分析 $\lg K^{\ominus}$ 对 $1/T$ 图。

对 NiO 的反应物和生成物有相变时 $\lg K^{\ominus}$ 对 $1/T$ 图上的表示方法如图 3-5 所示。图 3-5 中绘出了两个相变点，即 1725K 时镍的熔点、2257K 时 NiO 的熔点，及 Ni（s）、Ni（l）、NiO（s）、NiO（l）的稳定区。由图 3-5 可以判定各物质稳定存在的条件。例如，在 1400K 下，要使 Ni 不被氧化，$\lg \dfrac{p_{O_2}}{p^{\ominus}} < 1.02 \times 10^{-9}$，即氧分压 $p_{O_2} < 1.02 \times$

10^{-10}MPa。

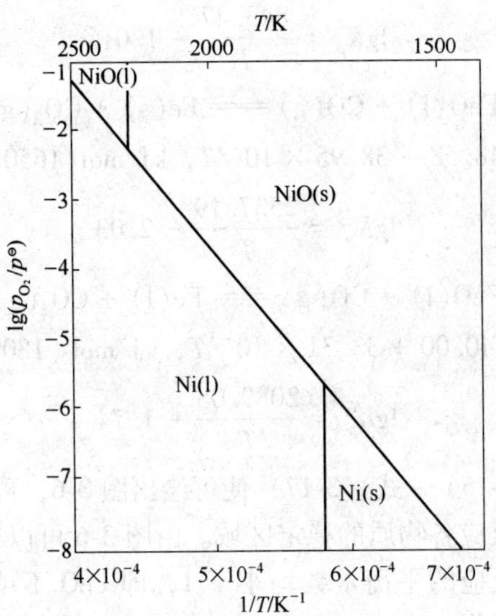

图 3-5 Ni-O 系平衡图

$$2Ni(s) + O_2(g) \xlongequal{} 2NiO(s) \tag{3-11}$$

$$\Delta_r G_T^{\ominus} = -476.98 + 168.62 \times 10^{-3}T, \text{ kJ/mol} \ (298 \sim 1725\text{K})$$

$$\lg(p_{O_2}/p^{\ominus}) = -24911.29/T + 8.81$$

$$2Ni(l) + O_2(g) \xlongequal{} 2NiO(s) \tag{3-12}$$

$$\Delta_r G_T^{\ominus} = -457.31 + 157.32 \times 10^{-3}T, \text{ kJ/mol} \ (1725 \sim 2257\text{K})$$

$$\lg(p_{O_2}/p^{\ominus}) = -23883.98/T + 8.22$$

$$2Ni(l) + O_2(g) \xlongequal{} 2NiO(l) \tag{3-13}$$

$$\Delta_r G_T^{\ominus} = -471.54 + 163.59 \times 10^{-3}T, \text{ kJ/mol}$$

$$\lg(p_{O_2}/p^{\ominus}) = -24627.17/T + 8.54$$

（3）FeO 与 CO 的氧化还原反应。以 FeO 与 CO 的氧化还原反应为例，讨论交互反应的 $\lg K^{\ominus}$ 对 $1/T$ 图。

$$2CO(g) + O_2(g) \xlongequal{} 2CO_2(g) \tag{3-14}$$

$$\Delta_r G_T^{\ominus} = -556.14 + 165.52 \times 10^{-3}T, \text{ kJ/mol}$$

$$FeO(s) + CO(g) \xlongequal{} Fe(s) + CO_2(g) \tag{3-15}$$

$$\Delta_r G_T^{\ominus} = -16.15 + 19.25 \times 10^{-3} T, \text{ kJ/mol} (298 \sim 1650\text{K})$$

$$\lg K_p^{\ominus} = \frac{843.47}{T} - 1.01$$

$$\text{FeO(l)} + \text{CO(g)} = \text{Fe(s)} + \text{CO}_2\text{(g)} \tag{3-16}$$

$$\Delta_r G_T^{\ominus} = -48.58 + 38.95 \times 10^{-3} T, \text{ kJ/mol} (1650 \sim 1809\text{K})$$

$$\lg K_p^{\ominus} = \frac{2537.19}{T} - 2.03$$

$$\text{FeO(l)} + \text{CO(g)} = \text{Fe(l)} + \text{CO}_2\text{(g)} \tag{3-17}$$

$$\Delta_r G_T^{\ominus} = -40.00 + 33.31 \times 10^{-3} T, \text{ kJ/mol} (1809 \sim 2000\text{K})$$

$$\lg K_p^{\ominus} = \frac{2089.08}{T} - 1.74$$

根据式（3-15）~式（3-17）便可绘出图 3-6，再依据等温方程，可以判定参与反应各物质的稳定区域。由图 3-6 可以看出，在标准状态下，上述各反应的平衡常数均小于 1，即 FeO 不可能被 CO 还原，而可以被 CO_2 氧化。

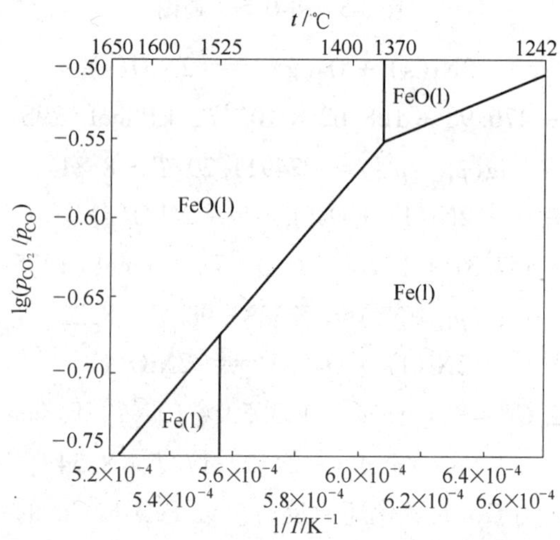

图 3-6　$FeO + CO = Fe + CO_2$ 反应的平衡图

绘制化学反应的 $\lg K^{\ominus} - T$ 热力学参数状态图，可以直观地判断在材料制备过程中反应物和生成物的稳定相区，以及表示它们的相变过程等。

3.2.4 化学反应的平衡常数对氧分压图

利用 CO/CO_2 混合气体可以进行碳热还原金属氧化物制取金属碳化物或金属。绘制这类化学反应的热力学参数状态图，可以对指定温度下生成碳化物的条件进行分析。现以 1400K 下 MnO_2 碳热还原为例进行讨论。由附表 3 中的数据可以算出有关反应的标准吉布斯自由能。已知：

$$Mo_2C(s) + CO_2(g) \xlongequal{} 2Mo(s) + 2CO(g) \tag{3-18}$$

$$\Delta_r G^{\ominus}_{1400K} = -14.81 kJ/mol$$

$$\lg K^{\ominus}_p = \lg \frac{p^2_{CO}}{p^{\ominus} p_{CO_2}} = 0.55$$

$$Mo(s) + O_2(g) \xlongequal{} MoO_2(s) \tag{3-19}$$

$$\Delta_r G^{\ominus}_{1400K} = -341.50 kJ/mol$$

$$\lg K^{\ominus}_p = -\lg \frac{p_{O_2}}{p^{\ominus}} = 12.74$$

$$2MoO_2(s) + 2CO(g) \xlongequal{} Mo_2C(s) + CO_2(g) + 2O_2(g) \tag{3-20}$$

$$\Delta_r G^{\ominus}_{1400K} = 697.81 kJ/mol$$

$$\lg \frac{p^2_{CO}}{p^{\ominus} p_{CO_2}} = 2\lg \frac{p_{O_2}}{p^{\ominus}} + 26.03$$

$$CO_2(g) \xlongequal{} CO(g) + \frac{1}{2}O_2(g) \tag{3-21}$$

$$\Delta_r G^{\ominus}_{1400K} = 161.17 kJ/mol$$

令 $R = \frac{p_{CO}}{p_{CO_2}}$，则 $\lg R = -\frac{1}{2}\lg \frac{p_{O_2}}{p^{\ominus}} - 6.01$。

令系统总压 $p_t = p_{CO} + p_{CO_2}$，于是有：

$$\frac{p^2_{CO}}{p^{\ominus} p_{CO_2}} = \frac{R^2 p_t}{(R+1)p^{\ominus}}$$

即
$$\lg \frac{p^2_{CO}}{p^{\ominus} p_{CO_2}} = 2\lg R - \lg(R-1) + \lg \frac{p_t}{p^{\ominus}} \tag{3-22}$$

利用式（3-18）~式（3-20）可以绘制出图 3-7，得到三个稳定相区。

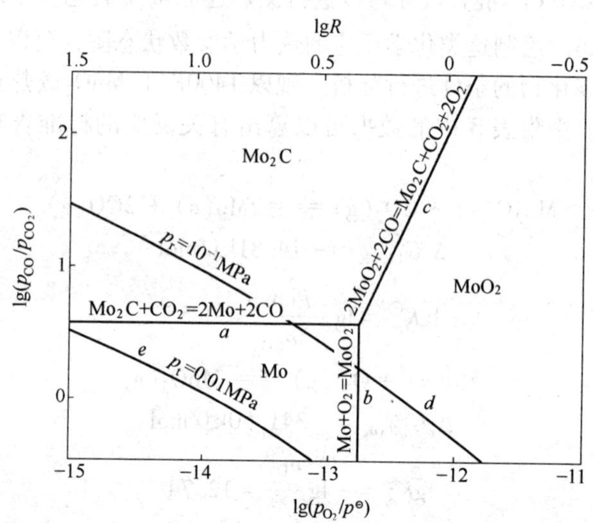

图 3-7　Mo-C-O 系 1400K 的平衡图

再由式（3-22），令 $\frac{p_t}{p^{\ominus}}$ 分别为 1、0.1，即可作出 $\frac{p_{CO}^2}{p_{CO_2}p^{\ominus}}$ 对 lg$R$ 的曲线 d 和 e。由图 3-7 可以看出，如在常压下还原 $MoO_2(s)$，只要 $\lg\frac{p_{O_2}}{p^{\ominus}} < -12.76$ 或 $\lg\frac{p_{CO}}{p_{CO_2}} > 0.36$，就很容易获得 Mo_2C；但要制备纯金属钼，必须把 CO/CO_2 比控制在很窄范围内，方可抑止 Mo_2C 的生成。若采用真空碳热还原，则 $\lg\frac{p_{CO}}{p_{CO_2}}$ 变化在 0.5~1.5 范围内均不可能生成 Mo_2C，才能获得纯金属钼。这就是真空碳热还原制取金属钼及其他难熔金属的理论依据。

3.3　拟抛物线与拟抛物面规则

赛隆作为 Si_3N_4-SiO_2-Al_2O_3-AlN 体系中的固溶体，其组成较为复杂，缺乏许多物相的热力学数据，给材料制备与设计带来不便，对Si-Al-O-N体系其他物相热力学数据研究的报道非常少。许多学者曾经对赛隆进行了热力学计算模拟与评估，获得了部分赛隆的相平衡参数与热力学数据，为赛隆研究提供了重要参考。但由于缺乏 Si_3N_4-SiO_2-Al_2O_3-AlN 体系物相的相关热力学数据，许多专家通过热力学模型对体系物相的热力学性质进行计算和估算，Hillert 和 Dumitrescu 等利用 Calphad method 模型对 Si-Al-O-N 系进行了热力学计算，得出了赛隆体系的热力学相平衡参数状态图。

D. A. Gunn 估算了部分 β-赛隆的吉布斯自由能：

$$\Delta_f G^{\ominus}_{0.67Si_3Al_3O_3N_5} = -1978.48 + 0.5751T,\ \text{kJ/mol} \tag{3-23}$$

$$\Delta_f G^{\ominus}_{Si_4Al_2O_2N_6} = -2598.08 + 0.8681T,\ \text{kJ/mol} \tag{3-24}$$

李文超等在对平衡体系中化合物热力学稳定性规律的研究中，通过严格的热力学计算和数学推导，总结出了一套普遍适用的热力学性质与组成关系的数学或几何表达式，可以对 Si_3N_4-SiO_2-Al_2O_3-AlN 体系的物相进行热力学评估。

3.3.1 拟抛物线和拟抛物面几何规则

拟抛物线和拟抛物面等几何规则是根据吉布斯自由能最小法则——相稳定性原则，用几何的方法表明二元、三元等体系中化合物的吉布斯自由能与组成（组元摩尔分数）的关系。

3.3.1.1 二元系的拟抛物线几何规则

设在 A-B 二元体系中，存在三个稳定的化合物，其组成分别为：$x_{ij}(i=1, 2, 3;\ j=1(A), 2(B))$，即第 i 个化合物中组元 j 的摩尔分数。将吉布斯自由能折合成 1mol 组元粒子所对应的量 G_i^* 。

如果配制某一合金，其量折合成组元粒子（原子或分子）时为 1mol，对应的成分为 x_{31}、x_{32}；若配制的合金生成一化合物，且该化合物以稳定的单相存在，则其生成吉布斯自由能为 G_3^*，反之，若配制的合金生成一化合物不稳定，分解成为其他两个化合物，这两个化合物的生成吉布斯自由能分别为 G_1^* 和 G_2^*，如图 3-8 所示。

于是有

$$x_{21} > x_{31} > x_{11} > 0$$

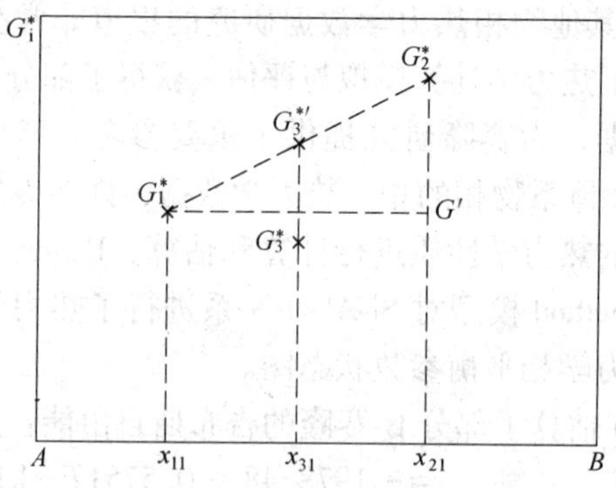

图 3-8　二元系中 G_i^* 与组成关系示意图

由图中 $\triangle G_1^* G_2^* G'$ 和 $\triangle G_1^* G_3^* G_3^{*\prime}$ 相似三角形性质，得到：

$$\frac{G_3^{*\prime} - G_1^*}{x_{31} - x_{11}} = \frac{G_2^* - G_1^*}{x_{21} - x_{11}} \tag{3-25}$$

整理得：

$$G_3^{*\prime} = \frac{(x_{21} - x_{31})G_1^* + (x_{31} - x_{11})G_2^*}{(x_{21} - x_{11})} \tag{3-26}$$

由稳定相的吉布斯自由能最小法则知：

$$G_3^* < G_3^{*\prime} \tag{3-27}$$

因此有：

$$G_3^* < \frac{(x_{21} - x_{31})G_1^* + (x_{31} - x_{11})G_2^*}{(x_{21} - x_{11})} \tag{3-28}$$

或写成

$$G_3^* < \frac{G_1^* \begin{vmatrix} x_{21} & 1 \\ x_{31} & 1 \end{vmatrix} + G_2^* \begin{vmatrix} x_{31} & 1 \\ x_{11} & 1 \end{vmatrix}}{\begin{vmatrix} x_{21} & 1 \\ x_{11} & 1 \end{vmatrix}} \tag{3-29}$$

运用行列式性质可将上式写成行列式：

$$(-1)^{2+1}\begin{vmatrix} G_1^* & x_{11} & 1 \\ G_2^* & x_{21} & 1 \\ G_3^* & x_{31} & 1 \end{vmatrix} > 0 \tag{3-30}$$

令
$$d = \begin{vmatrix} x_{21} & 1 \\ x_{11} & 1 \end{vmatrix};\ d_1 = \begin{vmatrix} x_{21} & 1 \\ x_{31} & 1 \end{vmatrix};\ d_2 = \begin{vmatrix} x_{31} & 1 \\ x_{11} & 1 \end{vmatrix} \tag{3-31}$$

于是有
$$G_3^* < \frac{G_1^* d_1 + G_2^* d_2}{d} \tag{3-32}$$

因为是分解成 x_{11} 和 x_{21} 两个化合物，所以 $d \neq 0$。

当 $d>0$ 时，则：

$$(-1)^{2+1}\begin{vmatrix} G_1^* & x_{11} & 1 \\ G_2^* & x_{21} & 1 \\ G_3^* & x_{31} & 1 \end{vmatrix} > 0 \tag{3-33}$$

当 $d<0$ 时，则：

$$(-1)^{2+1}\begin{vmatrix} G_1^* & x_{11} & 1 \\ G_2^* & x_{21} & 1 \\ G_3^* & x_{31} & 1 \end{vmatrix} < 0 \tag{3-34}$$

由此可见，二元系中各中间化合物的摩尔组元自由能 G_i^* 随成分的变化呈拟抛物线形，也就是二元系中各中间化合物的摩尔组元自由能 G_i^* 随成分的变化遵循拟抛物线规则。

3.3.1.2 三元系的拟抛物面几何规则

设在 A-B-C 三元系中存在 4 个中间化合物 1、2、3 和 4，它们的成分分别为 x_{iA}、x_{iB}、x_{iC}（i=1，2，3，4），如图 3-9 所示。

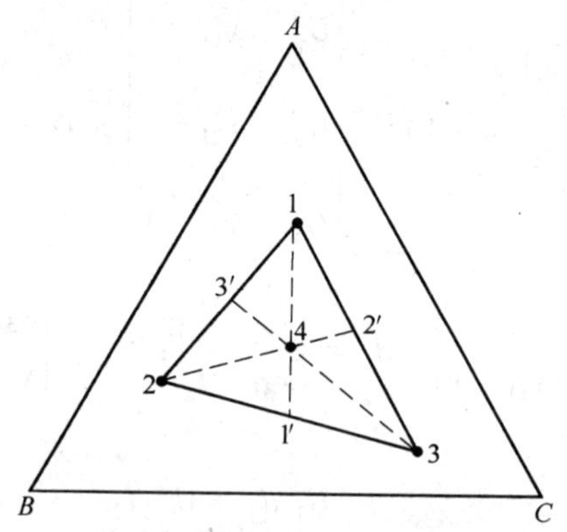

图 3-9　*A-B-C* 三元系中化合物分布的一般情况

设 1mol 组元粒子的化合物 4，可以分解为其他 3 个化合物 1、2 和 3，它们的含量折合成组元粒子的摩尔数为 $m_i(i = 1, 2, 3)$，于是有：

$$m_1 = \frac{S_{4-2-3}}{S_{1-2-3}} = \frac{L_{41'}}{L_{11'}} = \frac{\begin{vmatrix} x_{41} & x_{42} & 1 \\ x_{21} & x_{22} & 1 \\ x_{31} & x_{32} & 1 \end{vmatrix}}{\begin{vmatrix} x_{11} & x_{12} & 1 \\ x_{21} & x_{22} & 1 \\ x_{31} & x_{32} & 1 \end{vmatrix}} \tag{3-35}$$

式中，S 和 L 分别表示面积和线段的长度，下标分别表示三角形的顶点和线段的端点。

$$m_2 = \frac{S_{4-3-1}}{S_{1-2-3}} = \frac{L_{42'}}{L_{11'}} = \frac{\begin{vmatrix} x_{41} & x_{42} & 1 \\ x_{31} & x_{32} & 1 \\ x_{11} & x_{12} & 1 \end{vmatrix}}{\begin{vmatrix} x_{11} & x_{12} & 1 \\ x_{21} & x_{22} & 1 \\ x_{31} & x_{32} & 1 \end{vmatrix}} \tag{3-36}$$

$$m_3 = \frac{S_{4-1-2}}{S_{1-2-3}} = \frac{L_{43'}}{L_{33'}} = \frac{\begin{vmatrix} x_{41} & x_{42} & 1 \\ x_{11} & x_{12} & 1 \\ x_{21} & x_{22} & 1 \end{vmatrix}}{\begin{vmatrix} x_{11} & x_{12} & 1 \\ x_{21} & x_{22} & 1 \\ x_{31} & x_{32} & 1 \end{vmatrix}} \tag{3-37}$$

由三角形的性质，有：

$$G_4^{*\prime} = \sum_{i=1}^{3} m_i G_i^* = m_1 G_1^* + m_2 G_2^* + m_3 G_3^* \tag{3-38}$$

由稳定相的自由能最小法则，可得到：

$$G_4^* < G_4^{*\prime} = \sum_{i=1}^{3} m_i G_i^* \tag{3-39}$$

当令：

$$d = \begin{vmatrix} x_{11} & x_{12} & 1 \\ x_{21} & x_{22} & 1 \\ x_{31} & x_{32} & 1 \end{vmatrix} \qquad d_1 = \begin{vmatrix} x_{41} & x_{42} & 1 \\ x_{21} & x_{22} & 1 \\ x_{31} & x_{32} & 1 \end{vmatrix}$$

$$d_2 = \begin{vmatrix} x_{41} & x_{42} & 1 \\ x_{31} & x_{32} & 1 \\ x_{11} & x_{12} & 1 \end{vmatrix} \qquad d_3 = \begin{vmatrix} x_{41} & x_{42} & 1 \\ x_{11} & x_{12} & 1 \\ x_{21} & x_{22} & 1 \end{vmatrix}$$

则 $m_1 = \dfrac{d_1}{d}$, $m_2 = \dfrac{d_2}{d}$, $m_3 = \dfrac{d_3}{d}$，得：

$$G_4^* < G_4^{*\prime} = \sum_{i=1}^{3} \frac{d_i}{d} G_i^* \tag{3-40}$$

或

$$G_4^* < \frac{1}{d}(d_1 G_1^* + d_2 G_2^* + d_3 G_3^*) \tag{3-41}$$

因化合物 1、2 和 3 是化合物 4 分解而成的，所以 $d \neq 0$。

当 $d>0$ 时：

$$dG_4^* < d_1 G_1^* + d_2 G_2^* + d_3 G_3^* \tag{3-42}$$

运用行列式性质，将式（3-42）写成行列式形式：

$$(-1)^{3+1} \begin{vmatrix} G_1^* & x_{11} & x_{12} & 1 \\ G_2^* & x_{21} & x_{22} & 1 \\ G_3^* & x_{31} & x_{32} & 1 \\ G_4^* & x_{41} & x_{42} & 1 \end{vmatrix} > 0 \tag{3-43}$$

当 $d<0$ 时：

$$dG_4^* > d_1 G_1^* + d_2 G_2^* + d_3 G_3^* \tag{3-44}$$

运用行列式性质，将式（3-44）写成行列式形式：

$$(-1)^{3+1}\begin{vmatrix} G_1^* & x_{11} & x_{12} & 1 \\ G_2^* & x_{21} & x_{22} & 1 \\ G_3^* & x_{31} & x_{32} & 1 \\ G_4^* & x_{41} & x_{42} & 1 \end{vmatrix} < 0 \tag{3-45}$$

反映出在三元系中化合物摩尔吉布斯自由能 G_i^* 与组成三维空间上，描述代表 x_{4A}、x_{4B}、x_{4C} 和 G_4^* 的点，应落在由点（x_{iA}，x_{iB}，x_{iC}，G_i^*）所构成的空间三角形的下方，即在连接各个化合物所构成向下凸的多面体上，这就是三元系中的拟抛物面规则。

3.3.1.3　多元系的几何规则

将上述规则推导推广到 n 元系中。在 n 元平衡体系中存在 $n+1$ 个中间化合物（化学计量的相），它们的成分分别为 x_{i1}、x_{i2}、…、x_{in}（$i=1, 2, 3, \cdots, n, n+1$），$x_{ij}$是第 i 个化合物中所含 j 组元的摩尔数，它们的吉布斯自由能折合成 1mol 组元（原子或分子）所对应的量是 G_i^* 。若配制的合金的量折合成组元是 1mol，其成分分别为 x_{n+1}、$x_{n+1,2}$、…、$x_{n+1,n}$ 。若配制的合金以单质形式存在，其摩尔吉布斯自由能应为 G_{n+1}^* ，不能以单质形式存在，即第 $n+1$ 个化合物不稳定，可分解成 n 个化合物。如果这 n 个化合物相应含有的量折合成组元的摩尔数为 m_i（$i=1, 2, 3, \cdots, n$），则 m_i与成分之间应满足：

$$\sum_{i=1}^{n} x_{ij}m_i = x_{n+1,j}(j = 1, 2, 3, \cdots, n) \tag{3-46}$$

$$x_{in} = 1 - \sum_{j=1}^{n-1} x_{ij} \tag{3-47}$$

令：

$$d = \begin{vmatrix} x_{11} & x_{12} & \cdots & x_{1n-1} & 1 \\ x_{21} & x_{22} & \cdots & x_{2n-1} & 1 \\ \vdots & \vdots & & \vdots & \vdots \\ x_{n1} & x_{n2} & \cdots & x_{nn-1} & 1 \end{vmatrix} \tag{3-48}$$

$$d_i = \begin{vmatrix} x_{11} & x_{12} & \cdots & x_{1n-1} & 1 \\ x_{21} & x_{22} & \cdots & x_{2n-1} & 1 \\ x_{i-11} & x_{i-11} & \cdots & x_{i-1n-1} & 1 \\ x_{n+11} & x_{n+12} & \cdots & x_{n+1n-1} & 1 \\ x_{i+11} & x_{i+12} & \cdots & x_{i+1n-1} & 1 \\ \vdots & \vdots & & \vdots & \vdots \\ x_{n1} & x_{n2} & \cdots & x_{nn-1} & 1 \end{vmatrix} \quad (i = 1,\ 2,\ 3,\ \cdots,\ n) \tag{3-49}$$

$$m_i = \frac{d_i}{d} \tag{3-50}$$

因 $n+1$ 相是相图中的稳定相，根据稳定相的吉布斯自由能最小法则，有：

$$G_{n+1}^* < \sum_{i=1}^{n} \frac{d_i}{d} G_i^* \tag{3-51}$$

当 $d>0$ 时：

$$(-1)^{n+1} \begin{vmatrix} G_1^* & x_{11} & x_{12} & \cdots & x_{1n-1} & 1 \\ G_2^* & x_{21} & x_{22} & \cdots & x_{2n-1} & 1 \\ \vdots & \vdots & \vdots & & \vdots & \vdots \\ G_{n+1}^* & x_{n+11} & x_{n+12} & \cdots & x_{n+1n-1} & 1 \end{vmatrix} > 0 \tag{3-52}$$

当 $d<0$ 时：

$$(-1)^{n+1} \begin{vmatrix} G_1^* & x_{11} & x_{12} & \cdots & x_{1n-1} & 1 \\ G_2^* & x_{21} & x_{22} & \cdots & x_{2n-1} & 1 \\ \vdots & \vdots & \vdots & & \vdots & \vdots \\ G_{n+1}^* & x_{n+11} & x_{n+12} & \cdots & x_{n+1n-1} & 1 \end{vmatrix} < 0 \tag{3-53}$$

当定义化合物摩尔组元粒子标准生成吉布斯自由能 $\Delta_f G_i^{\ominus *}$（$i = 1,\ 2,\ 3,\ \cdots,\ n+1$）总量相当于 1mol 组元粒子的稳定单质形成该化合物时的吉布斯自由能，则有：

$$\Delta_f G_i^{\ominus *} = G_i^* - \sum_{j=1}^{n} x_{ij} G_j^{\ominus} (i = 1,\ 2,\ 3,\ \cdots,\ n+1) \tag{3-54}$$

式中，$G_j^{\ominus}(j=1, 2, 3, \cdots, n)$ 可有两种情况：当组元为稳定单质时，则 $G_j^{\ominus}$ 为单质的摩尔吉布斯自由能；当组元为简单化合物（或复合化合物）时，则 $G_j^{\ominus}$ 为构成该化合物的各稳定单质（或简单化合物）的摩尔吉布斯自由能之和。

当 $d>0$ 时：

$$(-1)^{n+1}\begin{vmatrix} \Delta_f G_1^{\ominus *} & x_{11} & x_{12} & \cdots & x_{1n-1} & 1 \\ \Delta_f G_2^{\ominus *} & x_{21} & x_{22} & \cdots & x_{2n-1} & 1 \\ \vdots & \vdots & \vdots & & \vdots & \vdots \\ \Delta_f G_{n+1}^{\ominus *} & x_{n+11} & x_{n+12} & \cdots & x_{n+1n-1} & 1 \end{vmatrix} > 0 \tag{3-55}$$

当 $d<0$ 时：

$$(-1)^{n+1}\begin{vmatrix} \Delta_f G_1^{\ominus *} & x_{11} & x_{12} & \cdots & x_{1n-1} & 1 \\ \Delta_f G_2^{\ominus *} & x_{21} & x_{22} & \cdots & x_{2n-1} & 1 \\ \vdots & \vdots & \vdots & & \vdots & \vdots \\ \Delta_f G_{n+1}^{\ominus *} & x_{n+11} & x_{n+12} & \cdots & x_{n+1n-1} & 1 \end{vmatrix} < 0 \tag{3-56}$$

对多元系已经无法用几何图形表示任意稳定相的几何规则，但计算机的出现就可以借助编制的计算机程序来实现多元体系几何规则的计算。

3.3.1.4 拟抛物线、拟抛物面等几何规则的计算机程序

为了减少计算工作量，可以编制计算机程序进行计算，其框图如图 3-10 所示，计算机程序运行界面如图 3-11 所示。

3.3.2 拟抛物线和拟抛物面几何规则的应用

3.3.2.1 检验化合物标准生成吉布斯自由能数据的可靠性

用实验测定和拟抛物线规则验证 Fe-O、Mo-O 和 W-O 热力学数据的可靠性。

由相图（见图 3-12）得知：Fe-O 二元系有三个化合物，即 FeO、Fe_3O_4 和 Fe_2O_3；W-O 二元系有四个化合物，即 WO_2、$WO_{2.72}$

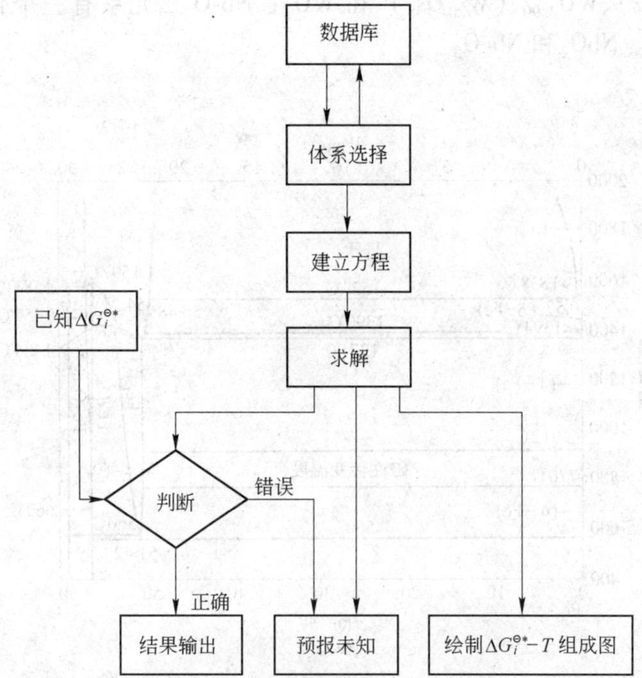

图 3-10 拟抛物线、拟抛物面等几何规则计算机程序框图

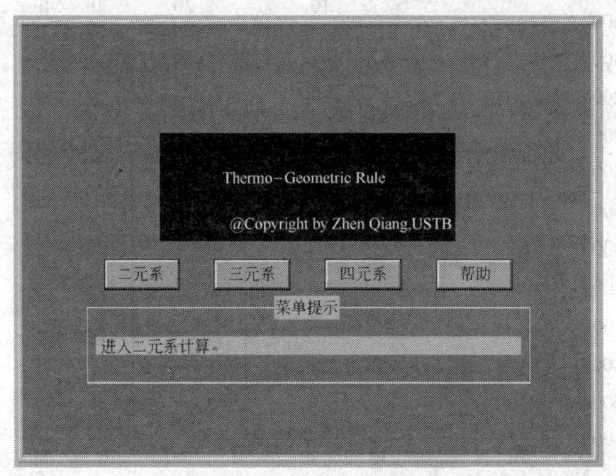

图 3-11 拟抛物线、拟抛物面等几何规则计算机程序运行界面

($W_{18}O_{49}$)、$WO_{2.90}$（$W_{20}O_{58}$）和 WO_3；Nb-O 二元系有三个化合物，即 NbO、NbO_2 和 Nb_2O_5。

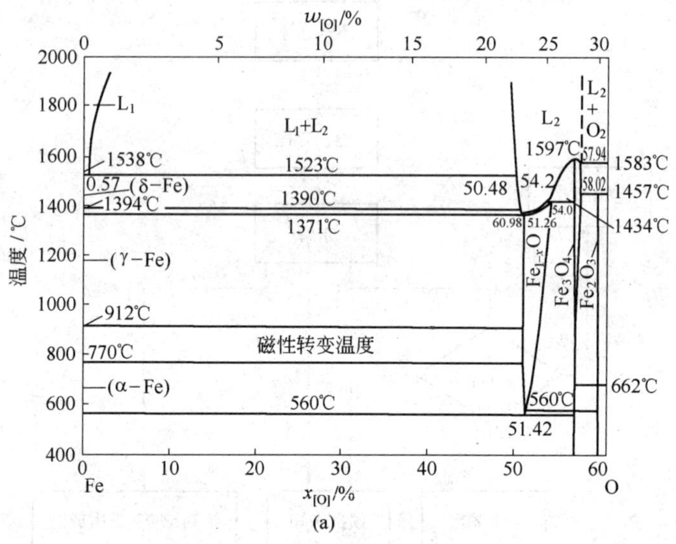

(a)

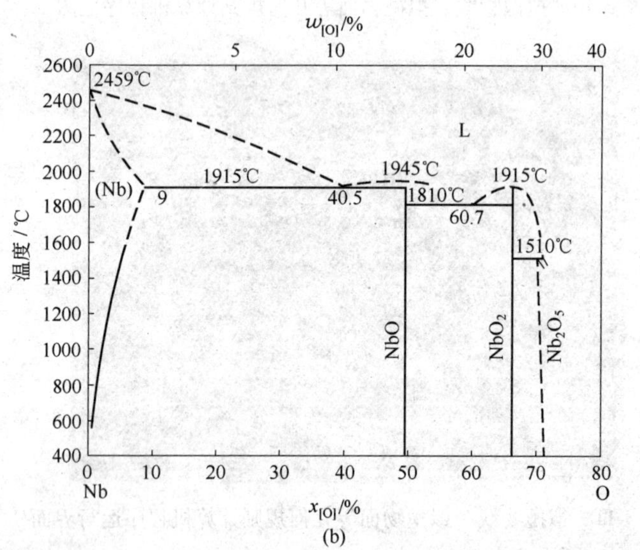

(b)

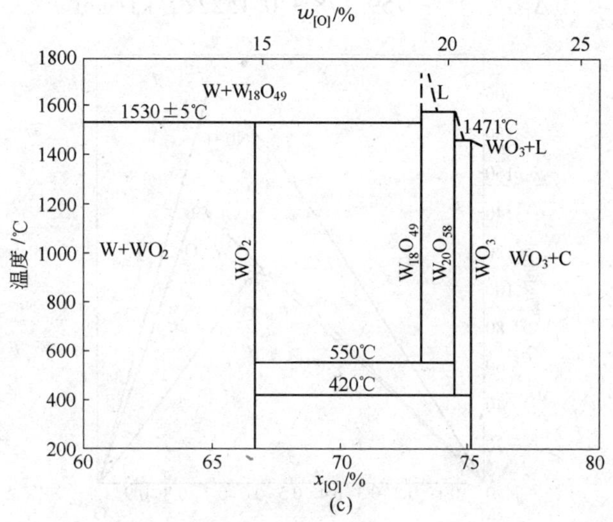

图 3-12 Fe-O、Nb-O 和 W-O 二元相图

（a）Fe-O 二元系相图；（b）Nb-O 二元系相图；（c）W-O 二元系相图

由文献中的数据分别计算这些氧化物在 1100K 时的摩尔组元标准生成自由能，列于表 3-3。根据表 3-3 绘制 $\Delta_f G_i^{\ominus *} - x_i$ 图，如图 3-13所示。

表 3-3 1100K 时 Fe-O、W-O 和 Nb-O 系化合物的 $\Delta_f G_i^{\ominus *}$

氧化物	FeO	Fe_3O_4	Fe_2O_3	WO_2
$\Delta_f G_i^{\ominus *}$/kJ·mol^{-1}	−100.433	−108.567①	−107.508	−129.192①
氧化物	$WO_{0.72}$	$WO_{2.90}$	WO_3	NbO
$\Delta_f G_i^{\ominus *}$/kJ·mol^{-1}	−140.264	−140.344	−140.368	156.838
氧化物	NbO_2	Nb_2O_5		
$\Delta_f G_i^{\ominus *}$/kJ·mol^{-1}	−197.253①	−203.334		

①此数据为作者实验测定。

表 3-3 中用固体电解质测定的 Fe_3O_4、WO_2 和 NbO_2 三个化合物的标准生成自由能与温度的关系为：

$$\Delta_f G^{\ominus}_{Fe_3O_4} = -1097.67 + 0.307T,\ \text{kJ/mol}$$

$$\Delta_f G^{\ominus}_{WO_2} = -568.087 + 0.1641T,\ \text{kJ/mol}$$

$$\Delta_f G^{\ominus}_{NbO_2} = -759.178 + 0.1522T,\ kJ/mol$$

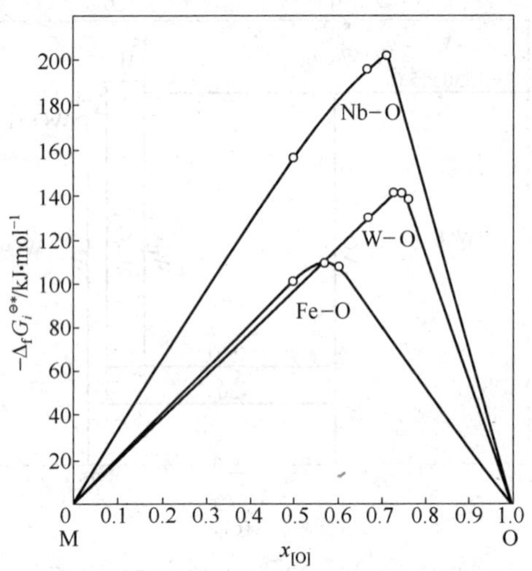

图 3-13　Fe-O、W-O 和 Nb-O 摩尔组元标准自由能与组成的关系

由图 3-13 可以看出，由上述各式及文献给出的数据计算 1100K 时 Fe-O 二元系、W-O 二元系和 Nb-O 二元系的化合物的 $\Delta_f G_i^{\ominus *}$ 是符合拟抛物线规则的，即表明这些数据是可信的。

3.3.2.2　由已知化合物预报其他化合物未知的标准生成吉布斯自由能

预报 Co-B 二元系中 Co_3B 的热力学数据：Co-B 二元系有三个中间化合物，只有两个化合物 Co_2B、CoB 的热力学数据是已知的，下面介绍如何利用拟抛物线规则预报第三个中间化合物 Co_3B 的热力学数据。

首先，由文献查得的数据计算 1383K 时 Co、Co_2B、CoB 的摩尔组元标准生成吉布斯自由能，得到：

$$\Delta_f G^{\ominus *}_{Co_2B} = -96.199,\ kJ/mol$$

$$\Delta_f G^{\ominus *}_{CoB} = -89.956,\ kJ/mol$$

然后，作 1383K 摩尔组元吉布斯自由能与组成关系图，如图 3-14 所示。由图 3-14 得到：$\Delta_f G^{\ominus *}_{Co_3B}$ 值的上限为：

$$\Delta_f G_{Co_3B}^{\ominus *} < \frac{3}{4}\Delta_f G_{Co_2B}^{\ominus *} + \frac{1}{4}\Delta_f G_{Co}^{\ominus *} = -90.4690, \text{kJ/mol}$$

$\Delta_f G_{Co_3B}^{\ominus *}$ 值的下限为：

$$\Delta_f G_{Co_3B}^{\ominus *} > \frac{1}{2}(3\Delta_f G_{Co_2B}^{\ominus *} - \Delta_f G_{CoB}^{\ominus *}) = -99.3205, \text{kJ/mol}$$

取上、下限的平均值得：

$$\Delta_f G_{Co_3B}^{\ominus *} = -94.894, \text{kJ/mol}$$

所以 $\Delta_f G_{Co_3B}^{\ominus} = -94.893 \times 4 = -379.576$, kJ/mol

结合：

$$\Delta_f G_{Co(l)}^{\ominus} = 224.187T - 40.501T\ln T - 1553.268, \text{J/mol}$$

$$\Delta_f G_{B(l)}^{\ominus} = 205.560T - 30.543T\ln T + 3418.328, \text{J/mol}$$

由 $3Co(l) + B(l) = Co_3B(s)$，求得生成 Co_3B 吉布斯自由能与温度的近似关系式：

$$\begin{aligned}\Delta_f G_{Co_3B}^{\ominus} &= \Delta_f G_{Co_3B,\ 1383}^{\ominus} - 3\Delta_f G_{Co(l)}^{\ominus} - \Delta_f G_{B(l)}^{\ominus} \\ &= -878.121T + 152.046T\ln T - 378334.524, \text{J/mol}\end{aligned}$$

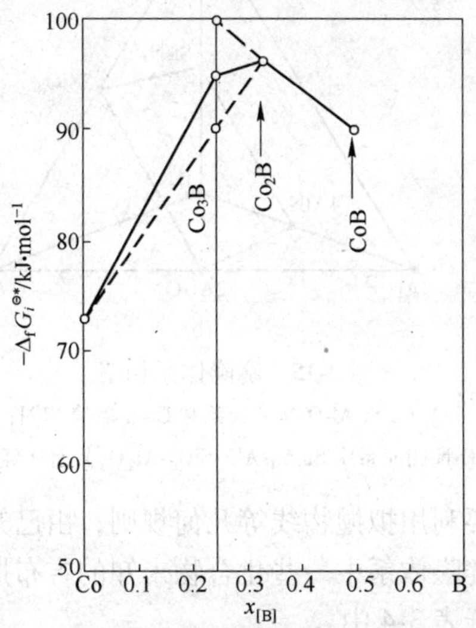

图 3-14 Co-B 二元系 1383K 时摩尔组元吉布斯自由能与组成的关系

综上所述，拟抛物线、拟抛物面等几何规则可以用来评估相图中化合物的热力学数据、稳定性和相图的可靠性，以及由相图中已知化合物的热力学性质预报未知的热力学性质等。

3.3.3　赛隆体系的标准生成吉布斯自由能

赛隆是一个多元多化合物体系（见图 3-15 和图 3-16），是重要的近代结构陶瓷材料，国内外研究甚多，但至今报道有关赛隆体系的热力学数据很少，仅 β-赛隆有两组热力学实验数据。

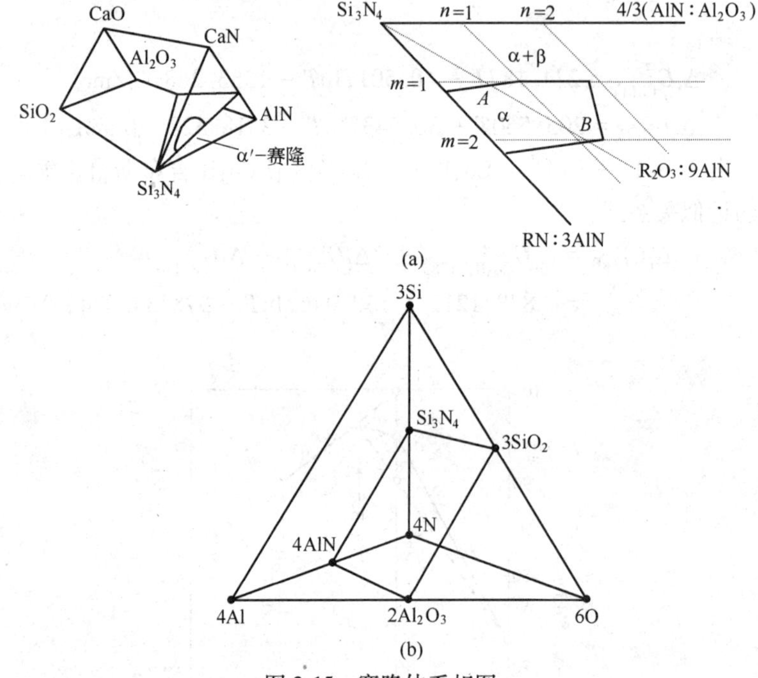

图 3-15　赛隆体系相图

（a）Ca-Si-Al-O-N 五元系和 Ca-α-赛隆相图；

（b）Si-Al-O-N 四元系中 Si_3N_4-AlN-SiO_2-Al_2O_3 截面（经坐标变换）

因此，有必要利用拟抛物线等几何规则，由已知化合物的吉布斯自由能数据预报赛隆体系中一些化合物未知的吉布斯自由能数据，已知的部分数据列于表 3-4 中。

利用拟抛物线（面）规则预报赛隆体系中一些化合物的标准吉

布斯自由能与温度关系结果列于表 3-5，其中有：在 $AlN-Al_2O_3$ 二元系中阿隆化合物的标准吉布斯自由能数据；在 $Al_3O_3N-Si_3N_4$ 二元系中 β-赛隆的标准吉布斯自由能数据；在 $Al_2O_3-Si_2N_2O$ 二元系中 O′-赛隆的标准吉布斯自由能数据；以及在 $Al_2O_3-SiO_2-Si_3N_4$ 三元系中利用拟抛物面规则预报 X-赛隆的标准吉布斯自由能数据；并根据图 3-15（a）预报 Ca-α-赛隆的标准吉布斯自由能数据。表 3-5 中还列出在 $CaO-Si_3N_4-AlN-Al_2O_3-SiO_2$ 五元系中，利用拟抛物线、拟抛物面等几何规则的计算机程序进行预报赛隆体系标准吉布斯自由能的结果。

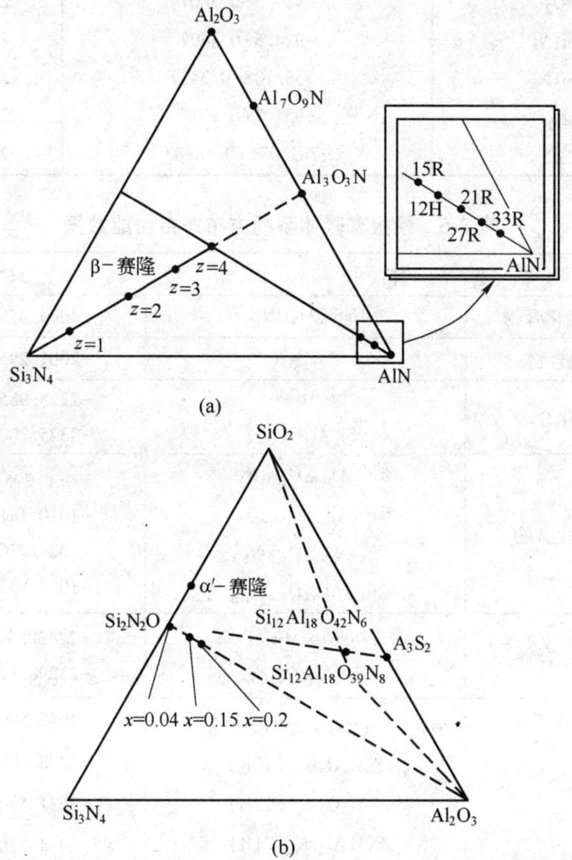

图 3-16 $Al_2O_3-AlN-Si_3N_4$ 和 $Al_2O_3-SiO_2-Si_3N_4$ 三元系中化合物的相对位置

（a）β-赛隆、AlON 和赛隆多型体；（b）O′-赛隆

表 3-4 赛隆体系中部分化合物已知的吉布斯自由能与温度的关系式

化 合 物	$\Delta G^{\ominus}$/kJ·mol^{-1}	温度范围/K
Al_2O_3	−1682.4+0.326T	298~2100
$3Al_2O_3·2SiO_2$	−6835.9+1.29T	298~2100
Al_7O_9N	−5364.1+1.072T	298~2100
AlN	−323.0+0.113T	298~2100
$Si_3Al_2O_2N_6$	−2598.1+0.868T	298~2100
$Si_3Al_3O_3N_6$	−2967.7+0.863T	298~2100
SiO_2	−939.3+0.200T	298~2100
β-Si_3N_4	−924.5+0.449T	298~2100
α-Si_3N_4	−753.108+0.341T	298~2100
Si_2N_2O	−951.7+0.291T	298~1873
CaO	−781.031+0.1888T	298~2100

表 3-5 预报赛隆体系的吉布斯自由能数据

赛 隆 体 系		$\Delta G^{\ominus}$
Ca-α-赛隆化合物	$CaSi_9Al_3ON_{15}$	−4009.358+1.551T
阿隆化合物	Al_3O_3N	−2001.295+0.427T
β′-赛隆化合物	Si_5AlON_7	−2225.985+0.878T
	$Si_2Al_4O_4N_4$	−3325.200+0.859T
O′-赛隆化合物	$Si_{1.96}Al_{0.04}O_{1.04}N_{1.96}$	−966.295+0.291T
	$Si_{1.84}Al_{0.16}O_{1.16}N_{1.84}$	−1010.141+0.293T
	$Si_{1.8}Al_{0.2}O_{1.2}N_{1.8}$	−1024.756+0.294T
	$Si_{1.6}Al_{0.4}O_{1.4}N_{1.6}$	−1097.832+0.298T
X-赛隆化合物	$Si_{12}Al_{18}O_{39}N_8$	−22438.3 +4.633T
	$Si_{12}Al_{18}O_{42}N_6$	−23298.12+4.676T
赛隆多型体	$SiAl_3O_2N_3$ (8H)	−1985.580+0.542T
	$SiAl_4O_2N_4$ (15R)	−2308.560+0.655T
	$SiAl_5O_2N_5$ (12H)	−2631.540+0.768T
	$SiAl_6O_2N_6$ (21R)	−2954.520+0.881T
	$SiAl_8O_2N_8$ (27R)	−3600.480+1.107T
	$SiAl_{10}O_2N_{10}Si$ (33R)	−4246.440+1.333T

由于赛隆体系的相图尚不完整，有的体系还有分歧，加之实验测定的数据又很少，因此目前预报的数据相对误差较大。但随着实验研究的深入，实测的热力学数据增多，预报的结果将会越来越精确。

热力学分析对非氧化物的合成有着重要的指导意义，尽管对 $Si_3N_4-SiO_2-Al_2O_3-AlN$ 体系的赛隆物相有了预报和评估的热力学数据，但大多数热力学分析多为理论计算，未经有关实验验证。因此，通过实验验证热力学分析的准确性，并将验证后的理论分析用于合成指导将具有重要的意义。

3.4 氮氧化物制备的热力学分析

尽管冶金与材料制备过程的特点是多元、多相，且工艺条件多样复杂，但一切化学反应能够进行的基本条件是热力学的可行。因此，对冶金和材料制备过程进行热力学分析，是了解和掌握材料和冶金过程反应规律，选择、设计工艺参数，实现材料合成和开发新工艺的基本依据。各元素的氧化服从热力学原理，遵从一定顺序；同理，各氧化物的还原也应遵从一定顺序。因此，在冶金过程中选择适当的温度和气氛，就可以实现选择性氧化或选择性还原。

3.4.1 Si-Al-O-N 体系的热力学参数分析

3.4.1.1 Si-O-N 体系的热力学参数分析

在 Si-O-N 体系中，凝聚相包括 Si_3N_4、SiO_2、Si_2N_2O、Si（液相，体系温度超过 Si 熔点 1414℃）。Si-O-N 体系在高温下的化学反应主要有以下几种：

$$SiO_2(s) = Si(l) + O_2(g) \tag{3-57}$$

$$\Delta_r G_8^{\ominus} = 946.35 - 197.64 \times 10^{-3} T, \text{ kJ/mol}$$

$$\lg(p_{O_2}/p^{\ominus}) = -49425/T + 10.32$$

$$Si_3N_4(s) = 3Si(l) + 2N_2(g) \tag{3-58}$$

$$\Delta_r G_9^{\ominus} = 874.46 - 405.01 \times 10^{-3} T, \text{ kJ/mol}$$

$$\lg(p_{N_2}/p^{\ominus}) = -22835/T + 10.58$$

$$Si_2N_2O(s) = 2Si(l) + N_2(g) + 0.5O_2(g) \tag{3-59}$$

$$\Delta_r G_{10}^{\ominus} = -951.65 + 290.57 \times 10^{-3} T, \text{ kJ/mol}$$

$$\lg(p_{N_2}/p^{\ominus}) + 0.5\lg(p_{O_2}/p^{\ominus}) = -49702/T + 15.18$$

$$2Si_3N_4(s) + 1.5O_2(g) = 3Si_2N_2O(s) + N_2(g) \qquad (3\text{-}60)$$

$$\Delta_r G_5^{\ominus} = -1106.05 + 61.96 \times 10^{-3} T, \text{ kJ/mol}$$

$$\lg(p_{N_2}/p^{\ominus}) - 1.5\lg(p_{O_2}/p^{\ominus}) = 57765/T - 3.22$$

$$Si_2N_2O(s) + 1.5O_2(g) = 2SiO_2(s) + N_2(g) \qquad (3\text{-}61)$$

$$\Delta_r G_7^{\ominus} = -940.85 + 104.72 \times 10^{-3} T, \text{ kJ/mol}$$

$$\lg(p_{N_2}/p^{\ominus}) - 1.5\lg(p_{O_2}/p^{\ominus}) = 49137/T - 5.48$$

根据上述分析，绘制 1873K（1600℃）时不同氧气分压、氮气分压条件下凝聚相 Si_3N_4、SiO_2、Si_2N_2O、Si（l）的稳定存在区域热力学参数图，如图 3-17 所示。

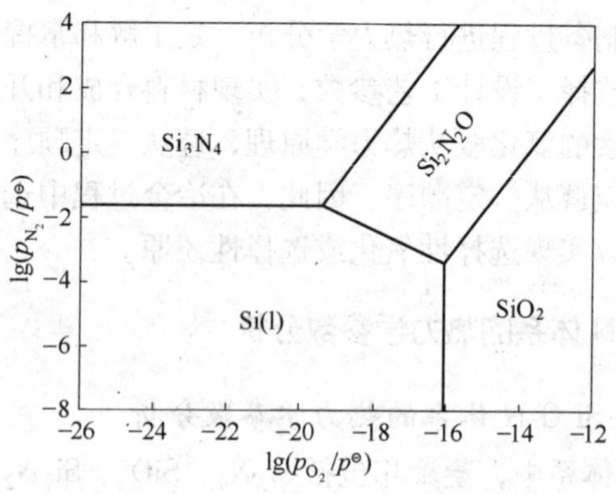

图 3-17　1873K 时 Si-O-N 体系下凝聚相的稳定存在区域图

由图 3-17 可以看出，非氧化物 Si_3N_4、Si_2N_2O 在高温条件下稳定存在需要较低的氧分压。从另一方面也说明：如果在高温下合成 Si_3N_4、Si_2N_2O 等非氧化物，需要严格控制合成气氛。

3.4.1.2　Al-O-N 体系的热力学参数分析

在 Al-O-N 体系中，凝聚相包括 Al_2O_3、AlN、Al（液相，体系温度超过 Al 熔点 660℃）。Al-O-N 体系在高温下的化学反应主要有以下几种：

$$Al_2O_3 = 2Al(l) + 1.5O_2(g) \qquad (3\text{-}62)$$

$$\Delta_r G_8^{\ominus} = 1682.90 - 323.24\times10^{-3}T,\ \text{kJ/mol}$$

$$\lg(P_{O_2}/P^{\ominus}) = -58597/T + 11.25$$

$$AlN = Al(l) + 0.5N_2(g) \tag{3-63}$$

$$\Delta_r G_8^{\ominus} = 326.48 - 116.40\times10^{-3}T,\ \text{kJ/mol}$$

$$\lg(P_{N_2}/P^{\ominus}) = -34108/T + 12.16$$

$$Al_2O_3 + N_2(g) = 2AlN + 1.5O_2(g) \tag{3-64}$$

$$\Delta_r G_8^{\ominus} = 1029.95 - 90.44\times10^{-3}T,\ \text{kJ/mol}$$

$$1.5\lg(P_{O_2}/P^{\ominus}) - \lg(P_{N_2}/P^{\ominus}) = -53791/T + 4.72$$

根据上述分析，绘制 1873K（1600℃）时不同氧气分压、氮气分压条件下凝聚相 Al_2O_3、AlN、Al(l) 的稳定存在区域热力学参数图，如图 3-18 所示。

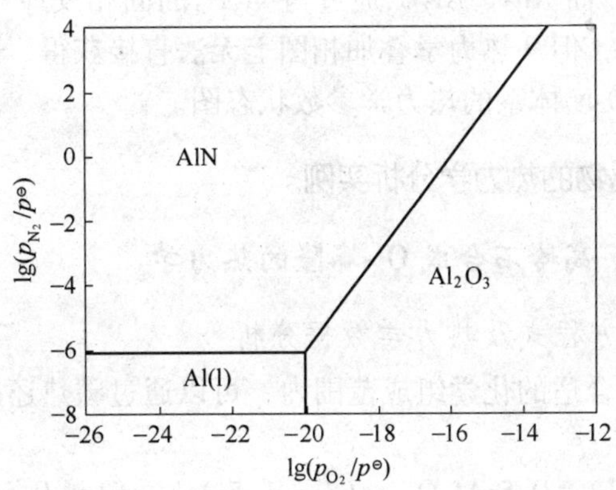

图 3-18　1873K 时 Al-O-N 体系下凝聚相的稳定存在区域图

可以看出，非氧化物 AlN 在高温条件下稳定存在同样需要较低的氧分压。

3.4.1.3 Si-O-N 与 Al-O-N 体系的热力学参数叠加分析

对于赛隆而言，高温下同时涉及 Si-O-N 与 Al-O-N 体系，将 Si-O-N 与 Al-O-N 体系凝聚相的稳定存在区域进行叠加，如图 3-19 所示。其中，S_2N_2O+Al_2O_3稳定存在区域就相当于 O′-赛隆存在的条件。

但也可以看出，叠加相图中不存在 β-赛隆的稳定存在区间，在温度为 1600℃时热力学条件下 AlON 无法稳定存在，容易分解成为

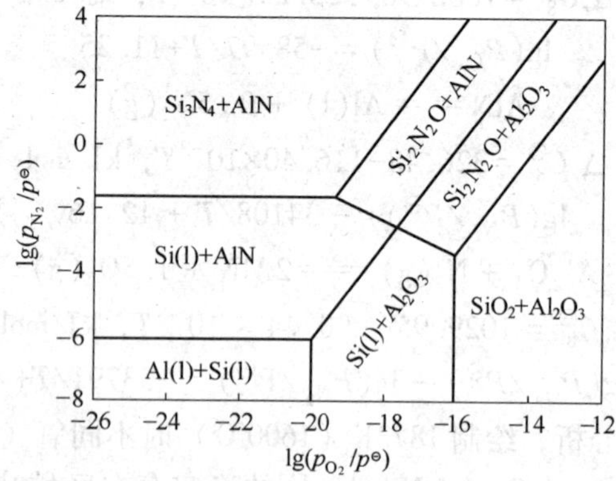

图 3-19　1873K 时 Si-O-N 体系和 Al-O-N 体系凝聚相的叠加稳定存在区域图

AlN 和 Al_2O_3，而 AlN、Al_2O_3通过与 Si_3N_4的固相反应可以使得 β-赛隆相稳定存在，但从热力学叠加相图上无法直接获得，因此，需要研究新的 Si-Al-O-N 体系的热力学参数状态图。

3.4.2　氮氧化物的热力学分析实例

3.4.2.1　高岭石合成 O′-赛隆的热力学

A　反应方程式及热力学数据分析

高岭石在合适的化学组成范围内，可以通过碳热还原氮化反应合成 O′-赛隆：

$$(2-z)SiO_2 + 0.5zAl_2O_3 + (3-1.5z)C + (1-0.5z)N_2 \longrightarrow Si_{2-z}Al_zO_{1+z}N_{2-z}(O'\text{-SiAlON},\ 0 \leqslant z \leqslant 0.4) + (3-1.5z)CO \tag{3-65}$$

根据拟抛物线、拟抛物面规则，1800K 下不同 z 值 O′-赛隆相的 $\Delta_f G_i^{\ominus *}$：

$$\Delta_f G^{\ominus *}_{Si_{1.96}Al_{0.04}O_{1.04}N_{1.96}} = -434.87,\ kJ/mol$$

$$\Delta_f G^{\ominus *}_{Si_{1.84}Al_{0.16}O_{1.16}N_{1.84}} = -4470.02,\ kJ/mol$$

$$\Delta_f G^{\ominus *}_{Si_{1.8}Al_{0.2}O_{1.2}N_{1.8}} = -4485.09,\ kJ/mol$$

$\Delta_f G_i^{\ominus *}$-T 的二项式为：

$$\Delta_f G^{\ominus *}_{Si_{1.96}Al_{0.04}O_{1.04}N_{1.96}} = -4684.773 + 0.140T \text{, kJ/mol} \quad (3\text{-}66)$$

$$\Delta_f G^{\ominus *}_{Si_{1.84}Al_{0.16}O_{1.16}N_{1.84}} = -4766.03 + 0.165T \text{, kJ/mol} \quad (3\text{-}67)$$

$$\Delta_f G^{\ominus *}_{Si_{1.8}Al_{0.2}O_{1.2}N_{1.8}} = -4795.18 + 0.173T \text{, kJ/mol} \quad (3\text{-}68)$$

碳热还原氮化法合成 O′-赛隆过程中，涉及 Si-O-N-C 和 Al-O-N-C 两个体系中的反应平衡问题。根据已知和预报的热力学数据，计算这两个体系在高氧势和还原气氛下反应的平衡常数与温度的关系，结果见表 3-6，作为绘制热力学参数状态图的依据。

表 3-6 Si-O-C-N 和 Al-O-C-N 体系反应的平衡常数与温度的关系

化学反应		平衡分压
Si-O-C-N	$SiO_2+C = SiC+O_2$	$\lg(p_{O_2}/p^\ominus) = -43211/T+8.57$
	$Si_3N_4+3C = 3SiC+2N_2$	$\lg(p_{N_2}/p^\ominus) = -18455/T+11.21$
	$Si_3N_4+3O_2 = 6Si_2N_2O+2N_2$	$\lg(p_{O_2}/p^\ominus) - 2/3\lg(p_{N_2}/p^\ominus) = -4335/T-17.65$
	$Si_3N_4+3O_2 = 3SiO_2+2N_2$	$\lg(p_{O_2}/p^\ominus) - 2/3\lg(p_{N_2}/p^\ominus) = -30918/T+1.10$
	$2Si_2N_2O+4C = 4SiC+O_2+2N_2$	$\lg(p_{O_2}/p^\ominus) + 2\lg(p_{N_2}/p^\ominus) = -53548/T+12.22$
	$2Si_2N_2O+3O_2 = 4SiO_2+2N_2$	$\lg(p_{O_2}/p^\ominus) - 2/3\lg(p_{N_2}/p^\ominus) = -339779/T+7.35$
	$2SiO_2+N_2+3C = Si_2N_2O+3CO$	$\lg(p_{CO}/p^\ominus) - 1/3\lg(p_{N_2}/p^\ominus) = -13767/T+8.06$
	$2Si_3N_4+3CO = 3Si_2N_2O+N_2+3C$	$\lg(p_{CO}/p^\ominus) - 1/3\lg(p_{N_2}/p^\ominus) = 3955/T-4.44$
	$SiO_2+3C = SiC+2CO$	$\lg(p_{CO}/p^\ominus) = -15489/T+8.67$
	$SiC+CO+N_2 = Si_2N_2O+3C$	$\lg(p_{CO}/p^\ominus) + \lg(p_{N_2}/p^\ominus) = -20652/T+10.50$
	$3SiO_2+6C+2N_2 = Si_3N_4+6CO$	$\lg(p_{CO}/p^\ominus) - 1/3\lg(p_{N_2}/p^\ominus) = -9337/T+4.94$
Al-O-C-N	$4Al_3O_3N+9C = 3Al_4C_3+6O_2+2N_2$	$\lg(p_{O_2}/p^\ominus) + 1/3\lg(p_{N_2}/p^\ominus) = -2802/T+12.41$
	$6AlN+3O_2 = 2Al_3O_3N+2N_2$	$\lg(p_{O_2}/p^\ominus) - 2/3\lg(p_{N_2}/p^\ominus) = -35945/T+3.06$
	$14Al_2O_3+6O_2 = 6Al_7O_9N+7N_2$	$\lg(p_{O_2}/p^\ominus) - 7/6\lg(p_{N_2}/p^\ominus) = -36267/T+3.95$
	$4Al_7O_9N+3O_2 = 14Al_2O_3+2N_2$	$\lg(p_{O_2}/p^\ominus) - 2/3\lg(p_{N_2}/p^\ominus) = -36519/T+4.81$
	$Al_4C_3(s)+2N_2(g) = 4AlN(s)+3C(s)$	$\lg(p_{N_2}/p^\ominus) = -26857/T+9.35$
	$2Al_7O_9N(s)+3CO(g) = 7Al_2O_3(s)+N_2(g)+3C(s)$	$\lg(p_{CO}/p^\ominus) - 1/3\lg(p_{N_2}/p^\ominus) = -12404/T+6.98$
	$7Al_3O_3N(s)+6CO(g) = 3Al_7O_9N(s)+2N_2(g)+6C(s)$	$\lg(p_{CO}/p^\ominus) - 1/3\lg(p_{N_2}/p^\ominus) = -12278/T+6.55$
	$3AlN(s)+3CO(g) = Al_3O_3N(s)+N_2(g)+3C(s)$	$\lg(p_{CO}/p^\ominus) - 1/3\lg(p_{N_2}/p^\ominus) = -12117/T+6.11$
	$4Al_3O_3N(s)+21C(s) = 3Al_4C_3(s)+12CO(g)+2N_2(g)$	$\lg(p_{CO}/p^\ominus) + 1/6\lg(p_{N_2}/p^\ominus) = -25545/T+10.78$

在 $p_{N_2}=0.10\text{MPa}$ 的条件下，根据表 3-6 中的热力学关系式作图，得到 Si-O-C-N 和 Al-O-C-N 体系叠加的热力学参数状态图（见图 3-20），进而可以分析各稳定相区。同时，根据图 3-20，可以确定在 $p_{N_2}=0.1\text{MPa}$ 时 O′-赛隆稳定存在的温度、一氧化碳分压等具体条件。

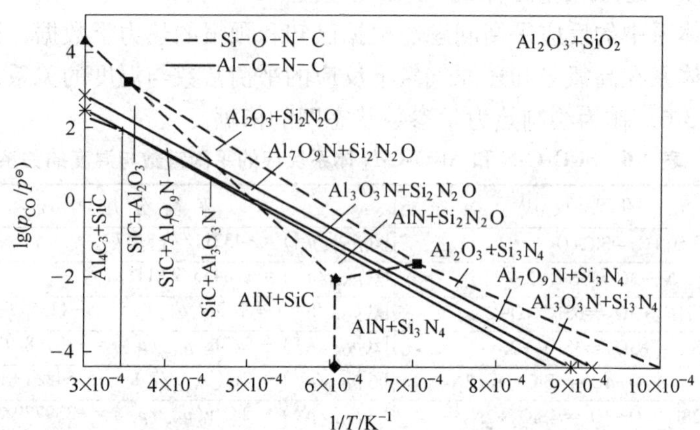

图 3-20　在还原气氛下 Si-O-C-N 体系和 Al-O-C-N 体系叠加热力学参数状态图（$p_{N_2}=0.1\text{MPa}$）

B　合成 O′-赛隆过程分析

由高岭石合成 O′-赛隆过程中的化学反应有：高岭石在加热到 450~550℃时，发生分解，排出结晶水，并形成偏高岭石，反应式为 $Al_2O_3\cdot2SiO_2\cdot2H_2O\rightarrow Al_2O_3\cdot2SiO_2+2H_2O$。继续升高温度，偏高岭石分解为无定形的、高活性的 Al_2O_3 和 SiO_2。因此，生成 O′-赛隆的过程如下：

（1）体系中的碳首先和 N_2 气带入的 O_2 发生反应：

$$C(g)+1/2O_2(g)=\!=\!=CO(g) \tag{3-69}$$

$$\Delta_r G^{\ominus}=-112116-87.5T$$

因高岭石的还原氮化时，需通入高纯氮（为 99.999%的氮），高纯氮中残余氧约为 $1.0\times10^{-6}\text{MPa}$。1773K 时，反应后体系中 CO 的分压与残存的 O_2 分压分别为：

$$p_{O_2}=1.775\times10^{-26}\,\text{MPa};\ p_{CO}=0.000001\text{MPa}$$

（2）碳和体系中 SiO_2 反应生成 SiO 和 CO：

$$SiO_2(s) + C(s) \xlongequal{\quad} SiO(g) + CO(g) \tag{3-70}$$

$$\Delta_r G_{SiO} = 720.15 - 0.3651T + 0.0191T(\lg(p_{SiO}/p^{\ominus}) + \lg(p_{CO}/p^{\ominus}))$$

（3）SiO(g)与 N_2(g)反应：

$$2SiO\ (g) + N_2(g) \xlongequal{\quad} Si_2N_2O(s) + 1/2O_2(g) \tag{3-71}$$

$$\Delta_r G^{\ominus}_{Si_2N_2O} = -737.5 + 0.447T + 0.0191T(0.5\lg(p_{O_2}/p^{\ominus}) - \lg(p_{N_2}/p^{\ominus}) - 2\lg(p_{SiO}/p^{\ominus}))$$

所以 SiO_2 还原氮化总反应为：

$$2SiO_2(s)+2C(s)+N_2(g) \xlongequal{\quad} Si_2N_2O(s)+2CO(g)+1/2O_2(g) \tag{3-72}$$

$$\Delta_r G^{\ominus}_{tot} = 702.8 - 0.2832T + 0.0191T(0.5\lg(p_{O_2}/p^{\ominus}) - \lg(p_{N_2}/p^{\ominus}) - 2\lg(p_{SiO}/p^{\ominus}))$$

在 1773K，$p_{N_2}=0.1$ MPa、$p_{O_2}=1.775\times10^{-26}$ MPa、$p_{CO}=0.000001$ MPa 时，$\Delta_r G_{tot} = -387.87$kJ/mol。

显然，在反应烧结的条件下 Si_2N_2O 是可以生成的；进而 Si_2N_2O 固溶部分 Al_2O_3 生成 O′-赛隆：

$$0.98Si_2N_2O + 0.02Al_2O_3 \xlongequal{\quad} Si_{1.96}Al_{0.04}O_{1.04}N_{1.96}$$

$$\Delta_r G^{\ominus}_{O'-赛隆} = 262146-185T-RT\ln 0.02 = 262146-152.5T,\ \text{J/mol} \tag{3-73}$$

$$0.92Si_2N_2O + 0.08Al_2O_3 \xlongequal{\quad} Si_{1.84}Al_{0.16}O_{1.16}N_{1.84}$$

$$\Delta_r G^{\ominus}_{O'-赛隆} = 225930-160T-RT\ln 0.08 = 225930-139T,\ \text{J/mol} \tag{3-74}$$

$$0.90Si_2N_2O + 0.1Al_2O_3 \xlongequal{\quad} Si_{1.8}Al_{0.2}O_{1.2}N_{1.8}$$

$$\Delta_r G^{\ominus}_{O'-赛隆} = 211785-152T-RT\ln 0.1 = 211785-132.9T,\ \text{J/mol} \tag{3-75}$$

综合上述的分析，在 $T>1719$K 时，不同 x 的 O′-赛隆都可生成。O′-赛隆生成的步骤为：高岭土分解为 Al_2O_3 及 SiO_2；SiO_2 还原氮化生成 Si_2N_2O；Al_2O_3 中的 Al、O 置换 Si_2N_2O 中的 Si、N。

高岭石的碳热还原氮化反应是一个复杂的过程。在碳热还原氮化过程中，Si_3N_4 形成温度较低，在 1723K（1450℃）生成。超过 1723K 时，SiC 是稳定相。Si_3N_4 向 SiC 转变的理论温度计算为：

$$Si_3N_4(s) + 3C(s) =\!=\!= 3SiC(s) + 2N_2(g) \tag{3-76}$$

$$\Delta_r G^{\ominus} = 153440 - 93.20T,\ J/mol$$

当 $\Delta_r G^{\ominus} = 0$ 时，$T = 1646K$（1373℃）。

总结上述计算结果得到：当温度相对较低，为 1673K（1400℃）时，碳热还原的最终产物为 O′-赛隆和 Si_3N_4；当温度相对较高，为 1773K（1500℃）时，最终产物为 O′-赛隆和 SiC；温度处于两者之间时，产物为 O′-赛隆、Si_3N_4 和 SiC 三相共存。由于是用天然原料合成的复合材料，初始原料不够纯，因此最终产物中不可避免地会有一定量的玻璃相存在。

C　实验验证

在实验过程中，用碳热还原氮化高岭石分别合成出了 O′-赛隆，其 XRD 图谱如图 3-21 所示。由此可见，实验结果与热力学分析相吻合。

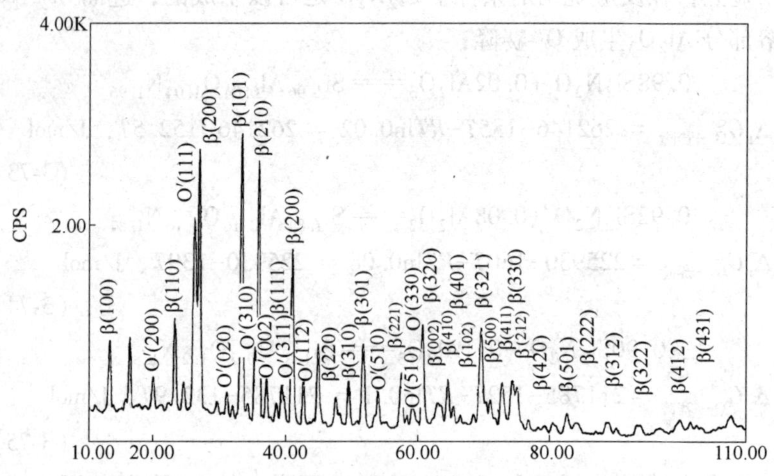

图 3-21　O′-赛隆的 XRD 衍射谱

此外，采用同样的方法用高岭石和锆英石合成出了 O′-赛隆-SiC-ZrO_2 复合材料。因为锆英石在 1949K（1676℃）分解为单斜型 ZrO_2

和方石英 SiO_2，二氧化硅和氧化铝还原氮化就可合成 O′-赛隆-ZrO_2-SiC 复合材料。合成复合材料的 XRD 分析结果如图 3-22 所示。

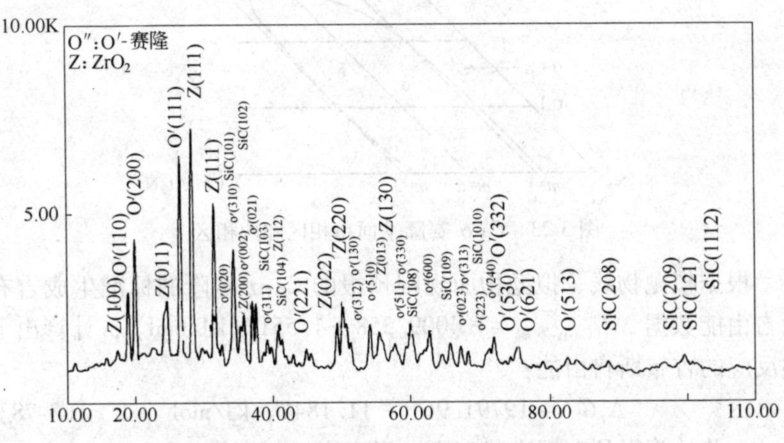

图 3-22 O′-赛隆-ZrO_2-SiC 复合材料 XRD 衍射谱

由图 3-22 可以看出：合成复合材料的主晶相为 ZrO_2 和 O′-赛隆，次晶相为 SiC，还有一定量的玻璃相。

3.4.2.2 碳热还原氮化合成 Ca-α-赛隆的热力学分析

A Ca-α-赛隆的合成与热力学分析

当金属离子为 Me^{p+}（Ca^{2+}、Y^{3+} 等）时，α-赛隆的通式为 $Me_x Si_{12-(m+n)} Al_{(m+n)} O_n N_{16-n}$，其中 $x=m/p$。由五元相图可知，在 Si_3N_4-4/3(AlN : Al_2O_3)-Me_3N_p : 3AlN 的平面上存在一个α-赛隆的单相区以及α-β-赛隆共存的两相区。Ca-α-赛隆的表达式为 $Ca_{m/2} Si_{12-(m+n)} Al_{m+n} O_n N_{16-n}$（$m \leqslant 4$），通常用 m 和 n 表达 Ca-α-赛隆中组元的计量系数，如 $Ca_{0.75}Si_{9.5}Al_{2.5}O_1N_{15}$。根据单相 Ca-α-赛隆的 m 值和 n 值，绘制了 Ca-α-赛隆平面单相区和两相区图，如图 3-23 所示。

由图 3-23 可知，选择成分 $Ca_{0.75}Si_{9.5}Al_{2.5}O_1N_{15}$（$m=1.5$，$n=1.0$），恰好处于单相区，可能获得单相 Ca-α-赛隆材料。其反应式为：

$$3CaO(s) + 38SiO_2(s) + 5Al_2O_3(s) + 30N_2(g) + 90C(s) \xlongequal{\quad} 4Ca_{0.75}Si_{9.5}Al_{2.5}ON_{15}(s) + 90CO(g) \tag{3-77}$$

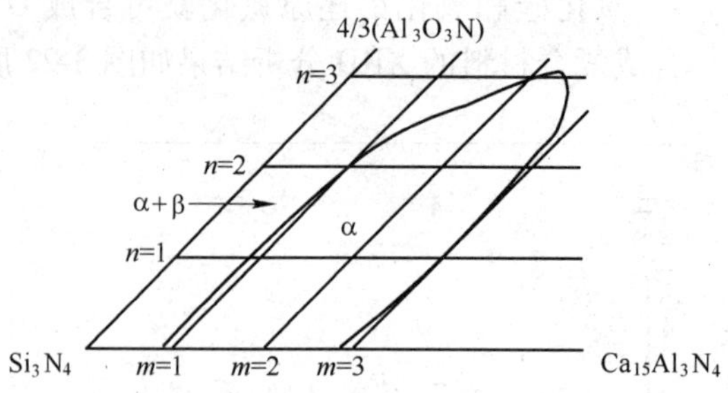

图 3-23　Ca-α-赛隆平面单相区和两相区

根据拟抛物线、拟抛物面规则预报的 Ca-α-赛隆的标准生成吉布斯自由能数据 $\Delta_f G^{\ominus}_{\text{Ca-α-赛隆}} = -4009.358 + 1.551T$(kJ/mol)，计算出上述反应的吉布斯自由能：

$$\Delta_r G^{\ominus} = 19791.961 - 11.184T,\ \text{kJ/mol} \tag{3-78}$$

由此计算得到在标准状态下，温度高于 1770K（1497℃）时，才能生成 Ca-α-赛隆。

为确定合成 Ca-α-赛隆的气氛，利用文献中已有的热力学数据，计算 1873K 下 Al-O-N、Si-O-N 和 Ca-O-N 三个体系的凝聚相平衡分压，结果见表 3-7；并绘制出这三个体系叠加的热力学参数状态图，如图 3-24 所示。

表 3-7　1873K 下 Al-O-N、Si-O-N、Ca-O-N 体系凝聚相及其平衡分压

	化学反应	平衡分压
Al-O-N	$2Al(l)+3/2O_2(g)═Al_2O_3(s)$	$\lg(p_{O_2}/p^{\ominus}) = -20$
	$Al(l)+1/2N_2(g)═AlN(s)$	$\lg(p_{N_2}/p^{\ominus}) = -6.18$
	$2Al_7O_9N(s)+3/2O_2(g)═7Al_2O_3(s)+N_2(g)$	$\lg(p_{O_2}/p^{\ominus}) = -15.43 + 2/3\lg(p_{N_2}/p^{\ominus})$
	$2Al_7O_9N(s)═14Al(l)+9O_2(g)+N_2(g)$	$\lg(p_{O_2}/p^{\ominus}) = -20.8 - 1/9\lg(p_{N_2}/p^{\ominus})$
	$Al_7O_9N(s)+3N_2(g)═7AlN(s)+9/2O_2(g)$	$\lg(p_{O_2}/p^{\ominus}) = -16 + 2/3\lg(p_{N_2}/p^{\ominus})$

续表 3-7

化学反应		平衡分压
Si-O-N	$SiO_2(s)=Si(l)+O_2(g)$	$\lg(p_{O_2}/p^{\ominus}) = -16.07$
	$\beta-Si_3N_4(s)=3Si(l)+2N_2(g)$	$\lg(p_{N_2}/p^{\ominus}) = -1.16$
	$2SiO_2(s)+N_2(g)=Si_2N_2O(s)+3/2O_2(g)$	$\lg(p_{O_2}/p^{\ominus}) = -13.86 + 2/3\lg(p_{N_2}/p^{\ominus})$
	$2\beta-Si_3N_4(s)+3/2O_2(g)= 3Si_2N_2O(s)+N_2(g)$	$\lg(p_{O_2}/p^{\ominus}) = -19.58 + 2/3\lg(p_{N_2}/p^{\ominus})$
	$Si_2N_2O(s)=2Si(l)+N_2(g)+1/2O_2(g)$	$\lg(p_{O_2}/p^{\ominus}) = -22.68 - 2\lg(p_{N_2}/p^{\ominus})$
Ca-O-N	$Ca(l)+1/2O_2(g)=CaO(s)$	$\lg(p_{O_2}/p^{\ominus}) = -24.35$
	$3Ca(l)+N_2(g)=Ca_3N_2(s)$	$\lg(p_{N_2}/p^{\ominus}) = -1.20$
	$1/3\ Ca_3N_2(s)+1/2O_2(g)= CaO(s)+1/3N_2(g)$	$\lg(p_{O_2}/p^{\ominus}) = 2/3\lg(p_{N_2}/p^{\ominus}) - 23.56$
	$CaO(s)+1/2O_2(g)=CaO_2(s)$	$\lg(p_{O_2}/p^{\ominus}) = 3.22$
	$1/3Ca_3N_2(s)+2/3N_2(g)+3O_2(g)= Ca(NO_3)_2(s)$	$\lg(p_{O_2}/p^{\ominus}) = 2/9\lg(p_{N_2}/p^{\ominus}) + 1.84$
	$Ca(NO_3)_2(s)=N_2(g)+5/2O_2(g)+CaO(s)$	$\lg(p_{O_2}/p^{\ominus}) = 0.4\lg(p_{N_2}/p^{\ominus}) - 6.92$
	$Ca(NO_3)_2(s)=N_2(g)+2O_2(g)+CaO_2(s)$	$\lg(p_{O_2}/p^{\ominus}) = 0.5\lg(p_{N_2}/p^{\ominus}) - 7.84$

图 3-24 中阴影部分满足合成 Ca-α-赛隆所需的气氛条件。由此若使用高纯氮气（氧分压 $p_{O_2}/p^{\ominus}=10^{-6}$）常压合成 Ca-α-赛隆，$p_{N_2}=0.1MPa$ 时，氧分压需要控制在 $10^{-19}\sim10^{-24}$ 范围内。为此可利用波-波（B-B）反应控制氧分压，使其落在所需的范围内。

B　实验验证

图 3-25 为利用尾矿碳热还原氮化合成 Ca-α-赛隆的 XRD 图及 SEM 图（1500℃）。图 3-26 为利用尾矿和泥沙碳热还原氮化合成 Ca-α-赛隆的 XRD 图。

图 3-27 为采用高炉渣碳热还原氮化的合成 Ca-α-赛隆-SiC 复合材料的 TEM 形貌。从图 3-27 中可以看出颗粒的形状有：长柱状颗粒

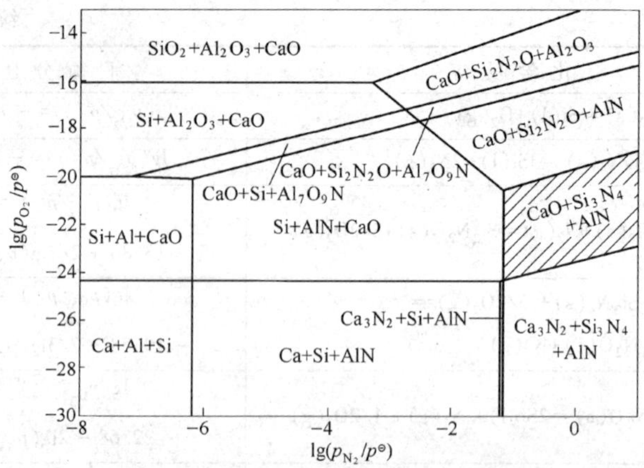

图 3-24　1873K 下 Al-O-N、Si-O-N、Ca-O-N 体系叠加的热力学参数状态图

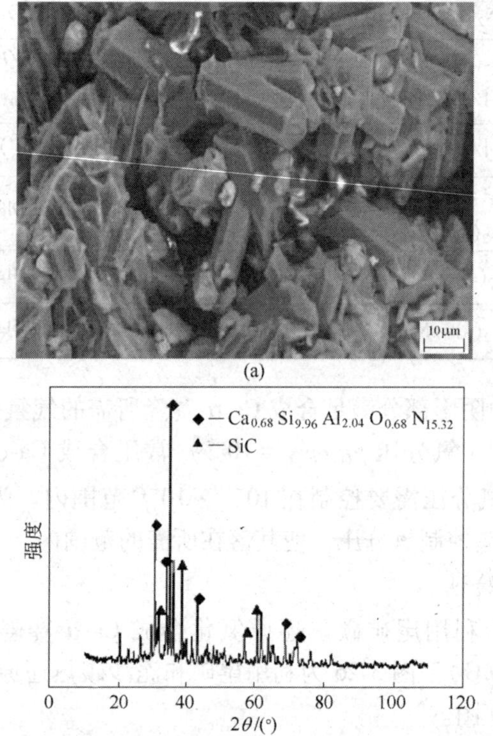

图 3-25　利用尾矿碳热还原氮化合成 Ca-α-赛隆的 XRD 图及 SEM 图（1500℃）

（a）XRD 图；（b）SEM 图

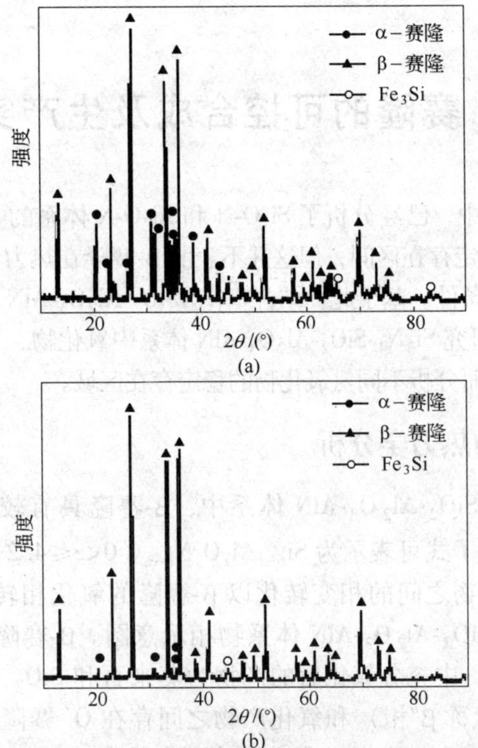

图 3-26 利用尾矿和泥沙碳热还原氮化合成 Ca-α-赛隆的 XRD 图
（a）1520℃；（b）1580℃

(图中标示 a)、短柱状颗粒 b、块状颗粒 c 和条形颗粒 d。分别对它们进行选区电子衍射分析，结果表明 a 为长柱状 SiC、b 为短柱状 Ca-α-赛隆、c 为块状 Ca-α-赛隆、d 为条形 SiC。由此可见，实验结果与热力学分析相吻合。

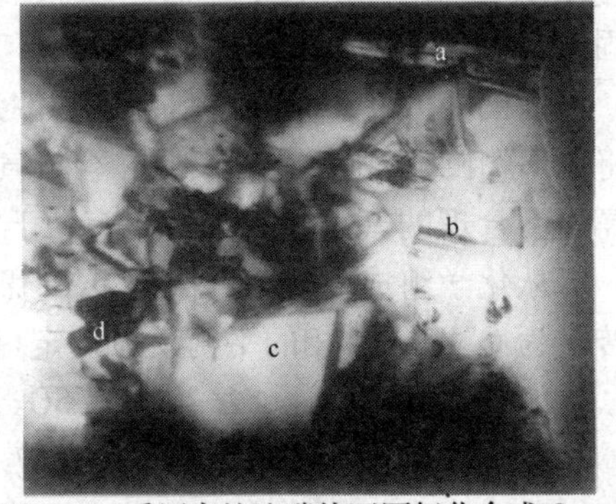

图 3-27 采用高炉渣碳热还原氮化合成 Ca-α-赛隆材料的 TEM 形貌（×20000 倍，1750℃）

4　赛隆的可控合成及生产实践

在第 3 章中，已经分析了 Si-O-N 和 Al-O-N 体系的叠加相图中不存在 β-赛隆的稳定存在区间，但这并不表明 β-赛隆在热力学上没有稳定的高温合成气氛条件。基于此，结合 Si_3N_4-SiO_2-Al_2O_3-AlN 体系等温截面图（见图 1-1），研究 Si_3N_4-SiO_2-Al_2O_3-AlN 体系中氧化物、非氧化物之间的相变转化，从而分析不同氮氧化物的稳定存在区域。

4.1　赛隆的热力学分析

在 Si_3N_4-SiO_2-Al_2O_3-AlN 体系中，β-赛隆具有较广泛的固溶区间，其化学分子式可表示为 $Si_{6-z}Al_zO_zN_{8-z}$（$0<z\leqslant4.2$），因此分析氧化物、非氧化物之间的相变转化以 β-赛隆的氧化相转化为基础。图 4-1 为 Si_3N_4-SiO_2-Al_2O_3-AlN 体系物相示意图。β-赛隆在强氧化气氛（氧气或空气）中充分氧化后的产物为莫来石和 SiO_2，从图 4-1 上看出 β-赛隆（简称 β″相）和氧化产物之间存在 O′-赛隆和 X-赛隆（简称 O″相和 X 相）。O″相的化学分子式可表示为 $Si_{2-z}Al_zO_{1+z}N_{2-z}$（$0<z\leqslant0.4$），为表示同 β-赛隆中 z 值的区别，分析中 O′-赛隆以 $Si_{2-x}Al_xO_{1+x}N_{2-x}$（$0<x\leqslant0.4$）表示，而 X-赛隆在分析过程中设定其化学分子式固定为 $Si_{12}Al_{18}O_{39}N_8$。

由图 4-1 可知，若控制合成条件为高温弱氧化气氛，其氧化产物将以 O″相或 X 相存在。因此，合成气氛将对 β-赛隆的合成影响较大，高温下合理的气氛参数分析将有助于实现 β-赛隆的可控合成。

从化学组成上分析，高温下 β-赛隆（$0<z<3.6$）在合适的气氛时转化为 O″相与 X 相的平衡反应设定可以表示为：

$$\beta''(0<z\leqslant1.2)+1.5O_2 = 3\,O''_{(x=z/3)}+N_2 \tag{4-1}$$

$$6\beta''(1.2<z\leqslant3.6)+(7.2+1.5z)O_2(g) = (27-7.5z)O''_{(x=0.4)}+(0.5z-0.6)X+(4.8+z)N_2(g) \tag{4-2}$$

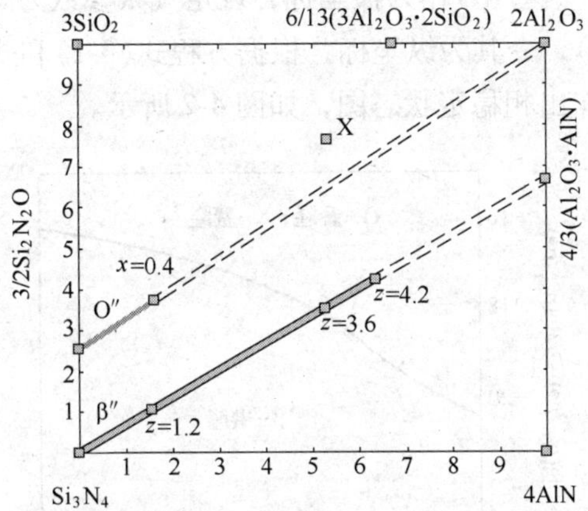

图 4-1 Si_3N_4-SiO_2-Al_2O_3-AlN 体系物相示意图

根据拟抛物面规则进行热力学评估（相关化合物的标准生成吉布斯自由能数据见表 4-1），计算得出 β-赛隆和 O″相的标准吉布斯自由能（T=1800K）：

$$\Delta_f G^{\ominus *}_{\beta-Si_{6-z}Al_zO_zN_{8-z}}(0 < z \leqslant 4.2) =$$

$$7576.7z^2 - 417333.3z - 231140, \text{ J/mol} \tag{4-3}$$

$$\Delta_f G^{\ominus *}_{O'-Si_{2-x}Al_xO_{1+x}N_{2-x}}(0 < x \leqslant 0.4) =$$

$$99838.5x^2 - 354623.5x - 428625, \text{ J/mol} \tag{4-4}$$

表 4-1 相关化合物的标准生成吉布斯自由能数据

化 合 物	$\Delta_f G_i^{\ominus}$/J · mol^{-1}
α-Al_2O_3	−1682900+323.24T
SiO_2	−946350+197.64T
β-Si_3N_4	−924490+449T
AlN	−327100+115.52T
$3Al_2O_3 \cdot 2SiO_2$	−6929500+1296T
Al_7O_9N	−5364100+1072T
Al_3O_3N	−2001295+427T
Si_2N_2O	−951651+291T
$Si_3Al_3O_3N_5$	−2967720+863T
$Si_4Al_2O_2N_6$	−2598080+868T
$Si_{12}Al_{18}O_{39}N_8$（X-赛隆）	−22438300+4633T

以 $X=6Al/(Si+Al)$ 作为横坐标，设定气氛参数为 $Y=\lg(p_{O_2}/p^{\ominus})-2/3\lg(p_{N_2}/p^{\ominus})$，令其为纵坐标，根据方程式(3-1)和式(3-2)的热力学计算结果，作出相稳定状态图，如图 4-2 所示。

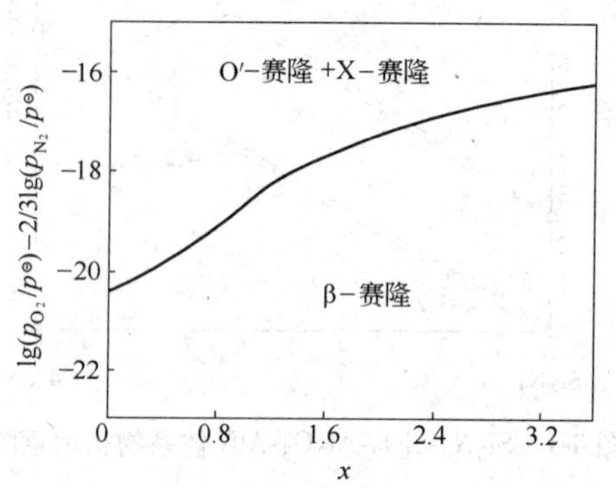

图 4-2　赛隆的相稳定区域（1800K）

图 4-2 中纵坐标增加代表氧化方向，纵坐标减小为氮化方向，横坐标区间对应 β-赛隆的 z 值范围为 0～3.6，即研究主要针对 z 值为 0～3.6的 β-赛隆。由图 4-2 可知：β-赛隆具有较宽的气氛参数范围（对应于 β-赛隆相稳定区域时的 z 值），其气氛参数与其他赛隆相（如 O″相、X 相等）的气氛参数接近，因此合成 β-赛隆时多伴有其他赛隆相的出现，这在许多研究中得到证明。

4.2　β-赛隆合成的试验研究

4.2.1　埋粉种类对合成气氛的影响分析

由图 4-2 可知，合成高纯 β-赛隆相要求较低的气氛参数纵坐标 Y 值。可以通过提高氮气的纯度或分压来获得，但两者的实验条件均过于苛刻。以常压下通入优质氮（纯度 0.999996）为例，计算表明若少量的杂质气相为氧气（对应氧分压为 4×10^{-7} MPa），则气氛参数 Y 值为-5.4，从图 4-2 可看出 β-赛隆的合成条件将无法满足。在实际合成过程中，为满足合成的较低气氛参数要求，即对应极低的氧分压要求，一般可以采用在试样表面埋粉（或颗粒）方式控制，如埋

Si_3N_4、SiC、BN 和炭粉（如焦炭粉、炭黑粉或石墨粉）等。在 β-赛隆合成研究中，埋 Si_3N_4粉和埋碳是最为常见的方式，以下分别研究两种埋粉方式对合成气氛的影响。

4.2.1.1 埋 Si_3N_4粉对合成气氛的影响

同样研究 $T=1800$K 下 Si-O-N 体系中的固-固平衡与固-气平衡将有助于研究体系的气相组成，实验过程中通入的氮气为较高纯度的氮气，其平衡氮气分压约为 0.1MPa，高温下 Si_3N_4的稳定晶型为β相，体系中的固相转化反应为：

$$2\beta\text{-}Si_3N_4 + 1.5O_2(g) = 3\,Si_2N_2O + N_2(g) \tag{4-5}$$

代入热力学数据，当 $\Delta_r G=0$：

$$Y = \lg(p_{O_2}/p^{\ominus}) - 2/3\lg(p_{N_2}/p^{\ominus}) = -20.35 \tag{4-6}$$

根据图 4-2，分析可知在埋 Si_3N_4粉条件下可以满足 β-赛隆的合成条件。

4.2.1.2 埋碳对合成气氛的影响

碳在高温下可与气氛中的氧气反应从而降低氧分压，故在合成材料表面埋碳保护将可能获得 β-赛隆的合成气氛。当在高温埋碳条件下，C-O-N 气相体系（过量炭粉存在）中存在 CO(g)、CO_2(g)、O_2(g) 和 N_2(g) 气相，反应体系中的 N_2(g) 与炭粉不发生反应，并且其气相分压在流动气氛下可以近似固定为恒定值，与初始气体相组成有近似对应关系，而 CO(g)、CO_2(g) 和 O_2(g) 三种气体之间则存在气相平衡关系。

对于 C-O 体系，研究高温下 CO(g) 生成反应，并分析其对应的气相分压对应关系，如下所示：

$$2C + O_2(g) = 2CO(g) \tag{4-7}$$

$$\lg\left(\frac{p_{O_2}}{p^{\ominus}}\right) = 2\lg\left(\frac{p_{CO}}{p^{\ominus}}\right) - 8.965 - (11972/T) \tag{4-8}$$

根据上述方程可知，O_2(g) 的气相分压与 CO(g) 的气相分压和体系温度 T 有关，根据方程作出 C-O 体系中气氛与温度的关系图，如

图 4-3 所示。

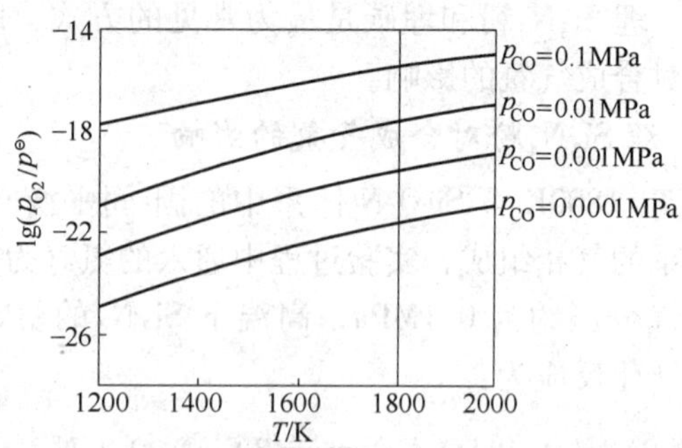

图 4-3　C-O 体系在不同温度及 CO 分压下的对应气相组成

由图 4-3 可以看出，对于不同 CO(g) 气相分压下对应不同的 O_2(g) 气相分压，当温度超过 1200K 时，如果控制较低的 CO(g) 气相分压时，其对应的氧分压非常低，从而满足 β-赛隆合成的严苛条件。基于 β-赛隆的合成温度一般在 1600K 以上，根据图 4-3 可知埋碳条件下 C-O 体系中的 O_2(g) 较低。

高温、常压条件通入氮气，当通氮纯度为 $\alpha(0<\alpha<1)$ 时（设定初始气氛由 N_2(g) 和 O_2(g) 组成，空气相当于纯度 $\alpha = 0.79$ 的氮气），反应（4-7）平衡后，O_2(g) 含量迅速降低，则主气相 N_2 与 CO 的分压（MPa）可表示为：

$$p_{N_2} = 0.1 \times \left(\frac{\alpha}{2 - \alpha}\right) \tag{4-9}$$

$$p_{CO} = 0.1 \times \left(\frac{2 - 2\alpha}{2 - \alpha}\right) \tag{4-10}$$

结合上述公式，当 $T = 1800$K 时氧分压和气氛参数分别为：

$$\lg\left(\frac{p_{O_2}}{p^{\ominus}}\right) = 2\lg\left(\frac{2 - 2\alpha}{2 - \alpha}\right) - 15.616 \tag{4-11}$$

$$Y = 2\lg\left(\frac{2 - 2\alpha}{2 - \alpha}\right) - 2/3\lg\left(\frac{\alpha}{2 - \alpha}\right) - 15.616 \tag{4-12}$$

根据方程(4-12)，在 1800K 温度时以氮气纯度 α 为横坐标，气氛

参数 $Y=\lg(p_{O_2}/p^{\ominus})-2/3\lg(p_{N_2}/p^{\ominus})$ 为纵坐标，得出气氛参数和氮气纯度的对应关系，如图 4-4 所示。由图 4-4 可以看出，不同的氮气纯度将对应一定的气氛参数，当纯度接近 1 时参数值迅速降低。根据图 4-4，改变 α 可获得一定的 Y 值，再根据图 4-2，可以得到相应的物相稳定区间，从而确定是否能够合成高纯的 β-赛隆。因此，结合图 4-2 和图 4-4，通过控制氮气纯度 α，在埋碳条件下设计 β-赛隆的合成条件，即可实现 β-赛隆的可控合成。以采用煤矸石合成 z 值为 1.8 的 β-赛隆为例，当通入氮气纯度 $\alpha=0.995$ 时，此时 CO(g) 对应的平衡分压约为 0.001MPa，根据图 4-2、图 4-3 和图 4-4 分析可知 β-赛隆可以被合成；而空气（对应 $\alpha=0.79$）条件下 β-赛隆则不能被合成。

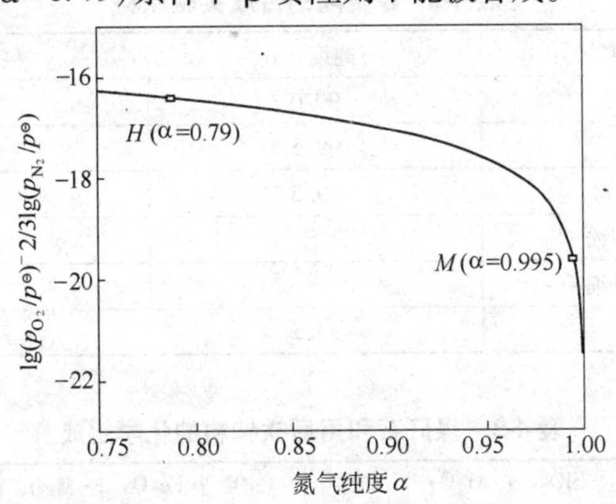

图 4-4 不同纯度氮气下的气氛参数和相稳定区域图（1800K）

4.2.2 埋粉种类对 β-赛隆合成的影响

在热力学分析基础上，分别以金属还原氮化方式和碳热还原氮化方式制备 β-赛隆。

（1）金属还原氮化。以 Si 粉、Al 粉和 Al_2O_3 为原料合成 β-赛隆，其合成方程式如下所示：

$$(6-z)Si+z/3Al+z/3Al_2O_3+(3-0.5z)N_2(g) \longrightarrow Si_{6-z}Al_zO_zN_{6-z}(0 \leqslant z \leqslant 4.2) \quad (4\text{-}13)$$

（2）碳热还原氮化。以煤矸石或煤矸石+用后耐火材料为原料，炭黑为还原剂制备 β-赛隆。当以煤矸石为原料时，其合成方程式如下所示：

$$(6-z)SiO_2 + 0.5zAl_2O_3 + (12-1.5z)C + (3-0.5z)N_2(g) \longrightarrow$$

$$Si_{6-z}Al_zO_zN_{6-z} + (12-1.5z)CO(g)(0 \leqslant z \leqslant 4.2) \quad (4\text{-}14)$$

当采用煤矸石和用后铁钩料为原料制备 β-赛隆，其合成方程表达如下：

$$0.5zSiO_2 + (6-1.5z)SiC + 0.5zAl_2O_3 + (3z-6)C + (4-0.5z)N_2(g) \longrightarrow$$

$$Si_{6-z}Al_zO_zN_{6-z} + 1.5zCO(g)(2 \leqslant z \leqslant 4) \quad (4\text{-}15)$$

上述实验所用的主要原料纯度和粒度组成见表 4-2。其中，煤矸石和用后铁钩料的主要化学组成见表 4-3。

表 4-2　β-赛隆的合成实验原料

原　料	纯度/%	粒度/μm
Si 粉	99.0	74
Al 粉	99.5	74
Al_2O_3微粉	99.5	5
煤矸石细粉		5
用后铁钩料细粉		45
炭黑	99.5	45

表 4-3　煤矸石和用后铁钩料的化学组成　　(%)

原　料	SiO_2	Al_2O_3	C	CaO	Fe_2O_3	MgO	K_2O	SiC
煤矸石细粉	55.2	20.8	15.5	3.3	1.7	0.8	0.8	
用后铁钩料细粉		72.3	5.5	0.9	0.7			18.9

为研究两种埋粉方式（埋 Si_3N_4和埋碳）对 β-赛隆合成方式（金属还原氮化和碳热还原氮化）的影响，实验在 1800K 温度下，采用以下四种方式制备 β-赛隆，其原料配比见表 4-4，合成过程中通入氮气（纯度 α=99.9）。

试样 A1～A4 的合成 XRD 图谱如图 4-5(a)～(d)所示。由图 4-5 可以看出，在四种反应条件下，合成产物相中均以 β-赛隆为主相，同热力学分析一致。通过埋粉方式将可以制备 β-赛隆，但合成相纯度则有所差别：试样 A1 和 A4 合成了高纯度的 β-赛隆相；而试样 A2 和 A3 合成相中除 β-赛隆相外，还含有相当含量的杂质相，如少量的

SiC 相和 X-赛隆等。

表 4-4 不同方式制备 β-赛隆的原料组成和合成参数

试样号	原料配比/%					埋粉类型
	Si	Al	Al_2O_3	煤矸石细粉	炭黑	
A1	60.3	8.3	31.4			埋 Si_3N_4
A2	60.3	8.3	31.4			埋碳
A3				82.5	17.5	埋 Si_3N_4
A4				82.5	17.5	埋碳

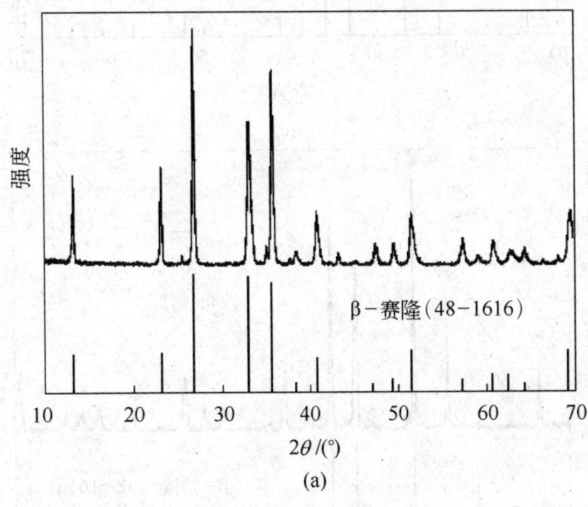

(a)

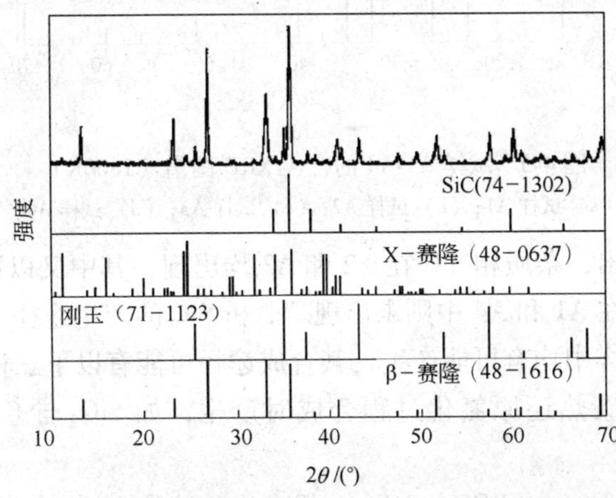

(b)

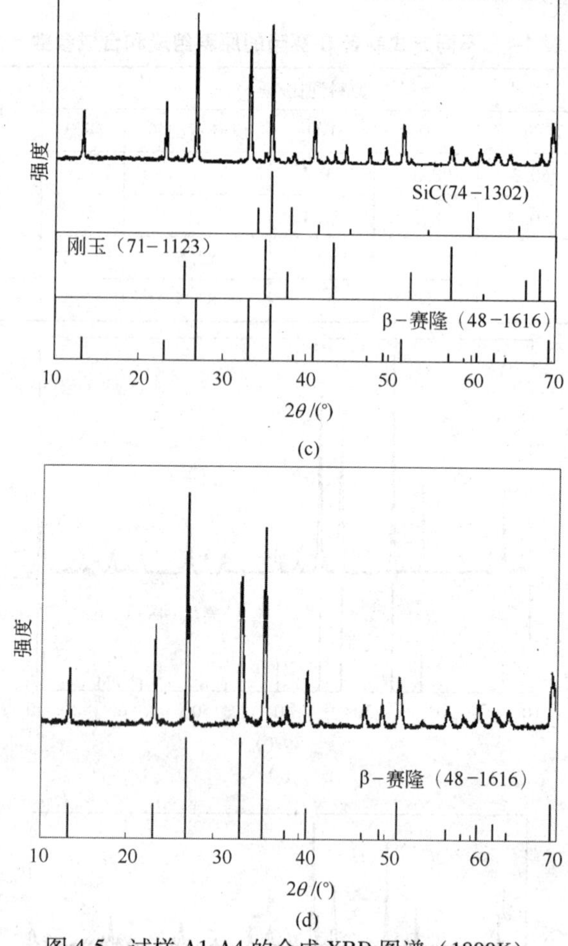

图 4-5　试样 A1-A4 的合成 XRD 图谱（1800K）

（a）试样 A1；（b）试样 A2；（c）试样 A3；（d）试样 A4

可以看出，杂质相 SiC 在 A2 和 A3 均出现，其中又以试样 A2 中的较多，而在 A1 和 A4 中则未出现。分析 SiC 的产生途径，其在 A2、A3 和 A4 试样中均有可能产生，其合成途径可能有以下三种方式：

（1）在碳热还原氮化过程合成时产生，如 SiO_2 与 C 反应产生 SiC 相：

$$SiO_2 + 3C \xlongequal{} SiC + CO(g) \tag{4-16}$$

反应可以在试样 A3、A4 中发生。

(2) 采用金属还原氮化在埋碳条件下合成时，高温下表面碳与氧气反应产生的 CO 扩散至试样内部，与含硅相如液相 Si(l) 或气相 SiO(g) 等反应产生 SiC 相：

$$CO(g) + Si(l) \longrightarrow SiC + CO_2(g) \tag{4-17}$$

$$CO(g) + SiO(g) \longrightarrow SiC + CO_2(g) \tag{4-18}$$

反应可以在试样 A2 中发生。

(3) 采用碳热还原氮化在埋 Si_3N_4 粉条件合成时，高温下 Si_3N_4 粉产生的气相如 SiO(g) 扩散至试样内部，与还原剂 C 或 C 反应生成的 CO (g) 反应产生 SiC 相：

$$SiO(g) + 2C \longrightarrow SiC + CO(g) \tag{4-19}$$

$$SiO(g) + CO \longrightarrow SiC + CO_2(g) \tag{4-20}$$

在途径 (1) 下，试样 A3 中出现了 SiC，而 A4 中则未出现。因此途径 (2) 和途径 (3) 可以产生 SiC，即外部埋粉产生的气相扩散至试样内部反应生成 SiC。根据上述结果与分析，可知当采用金属还原氮化方式制备 β-赛隆时，埋 Si_3N_4 是较合适的选择；而采用碳热还原氮化方式制备 β-赛隆时，埋碳是较合适的选择。基于此，当采用不同的原料合成 β-赛隆时，应根据合成方式确定埋粉条件，实现 β-赛隆的高纯度可控合成。

4.3 β-赛隆晶须材料的热力学可控制备

晶须长径比高，尺寸较小，由于其近似一维材料，内部缺陷少，具有较为完整的晶体结构，因此具备接近理论值的力学性能与物理化学性能，具有高强度、高韧性、耐热、耐磨等优异性能，在多种领域得到重视。β-SiAlON 的晶体结构和 Si_3N_4 相似，属六方晶系，为六方柱状晶，由于具有高硬度、高韧性、化学稳定性好、抗热震性好等优点，在高温冶金和材料等领域得到广泛的应用，其晶须的研究也受到广泛关注。目前，β-SiAlON 晶须主要用于陶瓷增韧作用。同样，有报道 β-SiAlON 柱状晶也能够显著增加 SiAlON 复相材料的断裂韧性。作为非氧化物，β-SiAlON 的合成与温度、气氛等热力学参数紧密相关，并且决定最终获得的 β-SiAlON 晶体的形貌，所以可以通过控制合成工艺条件，采用简单方法同时实现一维 β-SiAlON 的可控合成，具有重要的研究意义和实用价值，但是很少见相关的研究报道。

4.3.1　β-赛隆晶须材料的热力学分析

采用金属还原氮化方式(埋 Si_3N_4粉)，在持续氮气(纯度 99.9%)通入条件下制备 β-赛隆晶须，合成配比和温度见表 4-5。

$$4.4Si + 1.6/3Al + 1.6/3\ Al_2O_3 + 3.2N_2(g) \longrightarrow Si_{4.4}Al_{1.6}O_{1.6}N_{6.4} \tag{4-21}$$

表 4-5　β-SiAlON 材料的合成配比和合成温度

编 号	原料/%			温度/K
	Si	Al	Al_2O_3微粉	
S1	64.2	7.5	28.3	1650
S2	64.2	7.5	28.3	1700
S3	64.2	7.5	28.3	1750
S4	64.2	7.5	28.3	1800
S5	64.2	7.5	28.3	1850

对于 β-赛隆晶须的生长机制，许多研究认为是 VS(vapor-solid)机制和 VLS(vapor-liquid-solid)机制，如以 α-Al_2O_3、SiO_2碳热还原氮化或采用 Si、Al、SiO_2氮化合成 β-赛隆晶须时，晶须生长为 VLS 生长机制，而采用 Si、Al、Al_2O_3氮化合成 β-赛隆晶须时，认为晶须呈长柱状时为 VLS 生长机制(头部呈球状)、呈纤维状时为 VS 生长机制。研究均认为其中合成气相组成如 SiO、Al_2O 等是 β-赛隆晶须合成的重要中间相，因此研究气相组成对晶须制备及生长机制研究将具有重要的意义。

研究高温下 Si-O-N 体系中的固-固平衡与固-气平衡将有助于研究体系的气相组成。实验过程中通入的氮气为较高纯度的氮气，其平衡氮气分压约为 0.1MPa，高温下 Si_3N_4的稳定晶型为β相，因此研究主要针对β-Si_3N_4相，体系中的固相转化反应为：

$$2\beta\text{-}Si_3N_4 + 1.5O_2(g) = 3Si_2N_2O + N_2(g) \tag{4-22}$$

代入热力学数据：

$$\lg K = \lg(p_{N_2}/p^{\ominus}) - 1.5\lg(p_{O_2}/p^{\ominus}) = 30.53 \quad (4\text{-}23)$$

$$Si_2N_2O + 1.5O_2(g) = 3SiO_2 + N_2(g) \quad (4\text{-}24)$$

代入热力学数据：

$$\lg K = \lg(p_{N_2}/p^{\ominus}) - 1.5\lg(p_{O_2}/p^{\ominus}) = 21.87 \quad (4\text{-}25)$$

体系中可能存在的含硅气相包括 Si(g)、SiO(g)、Si_2(g) 和 Si_3(g)，研究体系中固相β-Si_3N_4、Si_2N_2O 和 SiO_2 与含硅气相的平衡，即固-气相平衡。以β-Si_3N_4与不同含硅气相的平衡反应为例：

$$\beta\text{-}Si_3N_4 = 3Si(g) + 2N_2(g) \quad (4\text{-}26)$$

代入热力学数据，当 $\Delta_r G = 0$，可得到反应的不同气相分压关系式：

$$\lg K = 2\lg(p_{N_2}/p^{\ominus}) + 3\lg(p_{Si(g)}/p^{\ominus}) = -19.87 \quad (4\text{-}27)$$

$$\beta\text{-}Si_3N_4 + 1.5O_2(g) = 3SiO(g) + 2N_2(g) \quad (4\text{-}28)$$

代入热力学数据：

$$\lg K = 2\lg(p_{N_2}/p^{\ominus}) + 3\lg(p_{SiO(g)}/p^{\ominus}) - 1.5\lg(p_{O_2}/p^{\ominus}) = 18.18 \quad (4\text{-}29)$$

$$\beta\text{-}Si_3N_4 = 1.5Si_2(g) + 2N_2(g) \quad (4\text{-}30)$$

代入热力学数据：

$$\lg K = 2\lg(p_{N_2}/p^{\ominus}) + 1.5\lg(p_{Si_2(g)}/p^{\ominus}) = -14.95 \quad (4\text{-}31)$$

$$\beta\text{-}Si_3N_4 = Si_3(g) + 2N_2(g) \quad (4\text{-}32)$$

代入热力学数据：

$$\lg K = 2\lg(p_{N_2}/p^{\ominus}) + \lg(p_{Si_3(g)}/p^{\ominus}) = -11.71 \quad (4\text{-}33)$$

按同样方式计算 Si_2N_2O、SiO_2 与含硅气相的平衡对应气相关系方程式。

当 lg（$p_{N_2}/p^{\ominus}$）= 0 时，以 O_2分压对应的 lg（$p_{O_2}/p^{\ominus}$）值为横坐标，含硅气相分压 lg（$p/p^{\ominus}$）为纵坐标，根据固-固平衡和固-气平衡方程式作出 Si-O-N 体系不同氧分压下对应的固相稳定存在区域及不同固相对应的不同含硅气相的分压值，如图 4-6 所示。由图 4-6 可以看出，体系中含硅气相在合成条件下以 SiO(g) 的气相分压为最高，这也和许多研究中认为 SiO（g）是重要反应中间相的说法一致，因此，在分析晶须生长过程中均设定主要反应气相为 SiO（g）。常压、高温条件下通入反应氮气，如果体系中有过量 Si_3N_4 粉存在时，反应方程式（4-22）将达到平衡，计算表明当温度 $T=1800K$ 时：

$$\lg(p_{O_2}/p^{\ominus}) = -20.35 \tag{4-34}$$

$$\lg(p_{N_2}/p^{\ominus}) = 0 \tag{4-35}$$

$$\beta\text{-}Si_3N_4 + 1.5O_2(g) = 3SiO(g) + 2N_2(g) \tag{4-36}$$

1800K 下，代入热力学数据：

$$\lg K = 2\lg(p_{N_2}/p^{\ominus}) + 3\lg(p_{SiO(g)}/p^{\ominus}) - 1.5\lg(p_{O_2}/p^{\ominus}) = 18.18 \tag{4-37}$$

得到：

$$\lg(p_{SiO(g)}/p^{\ominus}) = -4.12 \tag{4-38}$$

当 $\lg(p_{N_2}/p^{\ominus}) = 0$、$\lg(p_{O_2}/p^{\ominus}) = -20.35$、$T=1800K$ 时：

$$Al_2O_3 + N_2(g) = 2AlN + 1.5O_2(g) \tag{4-39}$$

$$\Delta_r G = 1028700 - 92.2T + 19.134T[1.5\lg(p_{O_2}/p^{\ominus}) - \lg(p_{N_2}/p^{\ominus})] = -188368\text{J/mol} \tag{4-40}$$

因此，Al-O-N 体系的稳定固相为 AlN 相。

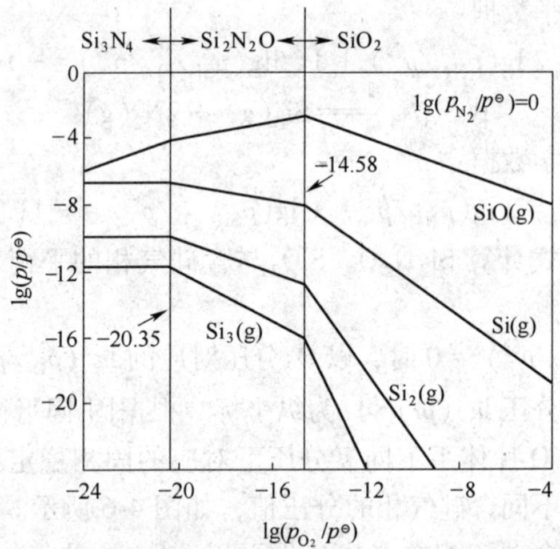

图 4-6　Si-O-N 体系的固相稳定区域和对应的气相组成（1800K，$p_{N_2}=0.1\text{MPa}$）

4.3.2 β-赛隆晶须材料的合成及生长机制分析

试验结果表明，大量的晶须材料被合成，肉眼即可观察到大量晶须出现在试样表面。图 4-7 为试样 S3 表面产生的 β-赛隆晶须相 FESEM 照片。图 4-8 为 β-赛隆晶须相的合成 XRD 图谱。

图 4-7 β-赛隆晶须的 FESEM 照片（试样 S3）

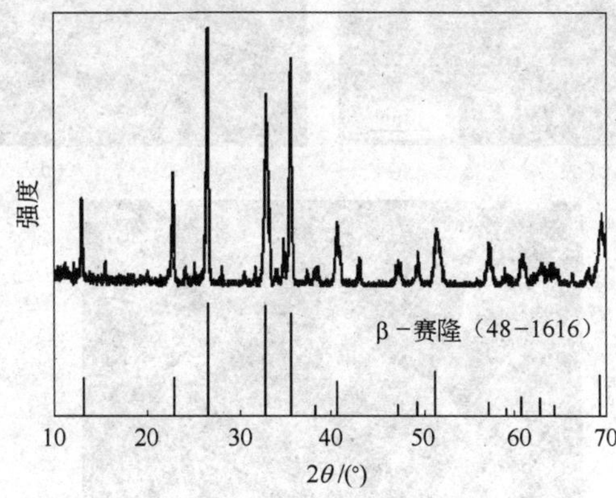

图 4-8 β-赛隆晶须相的合成 XRD 图谱

由图 4-7 可以看出：试样表面产生了大量的晶须相，晶须形貌呈现细柱状和细带状。图 4-8 表明：晶须相为 β-赛隆晶须，这表明在实验条件下可以制备大量的 β-赛隆晶须，从而实现 β-赛隆晶须相的可控合成。

4.3.2.1　合成温度对β-赛隆晶须的影响

图 4-9(a)～(d)为试样在不同温度下产生晶须的高倍 FESEM 照片。

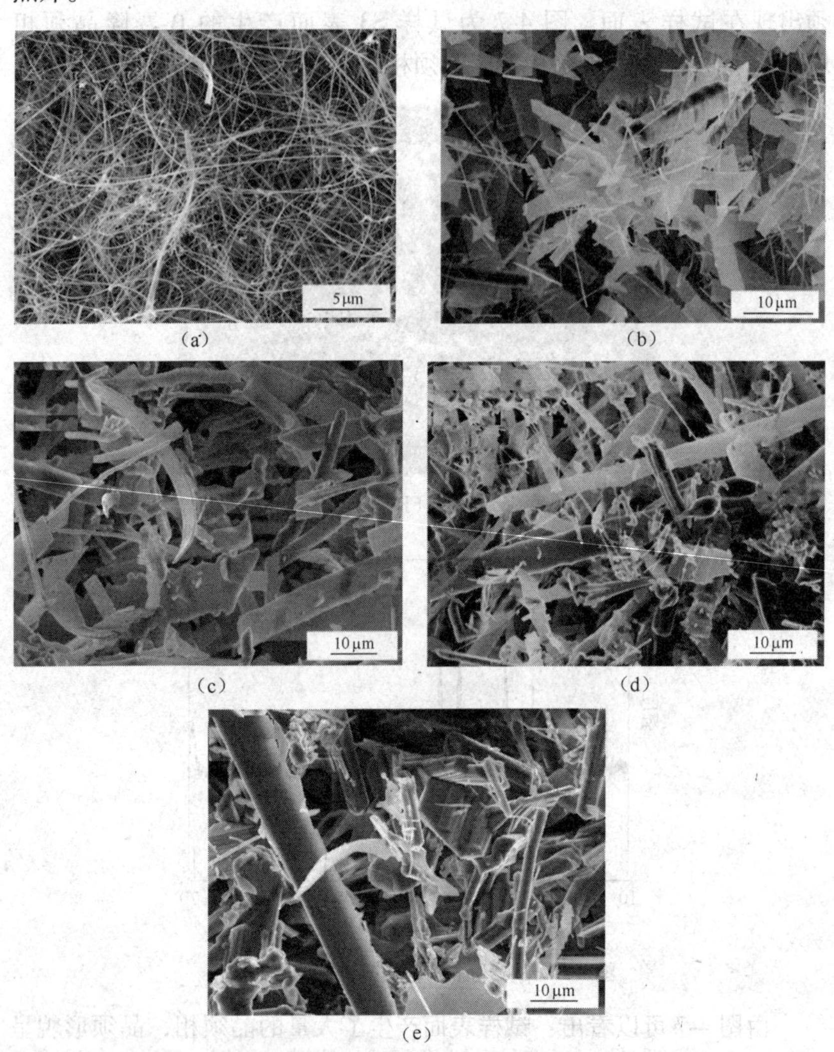

图 4-9　不同温度下试样表面生成晶须的 FESEM 照片
(a)1650K(S1);(b) 1700K (S2);(c) 1750K (S3);
(d) 1800K (S4);(e) 1850K (S5)

可以看出，温度对晶须形貌的影响较大，当温度为 1650K 时，合成的晶须直径较小，属于亚微米尺度晶须。图 4-10（a）为晶须的高倍 FESEM 照片，图 4-10（b）为微米晶须的透射电镜（TEM）照片，并在透射电镜下采用 EDS 分析了晶须的元素组成（见图 4-10（c）），可以看出晶须的尺寸在 200~400nm 之间，长径比较高，在 100~1000 之间。从晶须形貌上看，晶须生长机制为 VS 机制，其在透射电镜下的元素组成结果与原料配比 z 值为 1.6 的 β-赛隆相组成较为接近。

(a) (b)

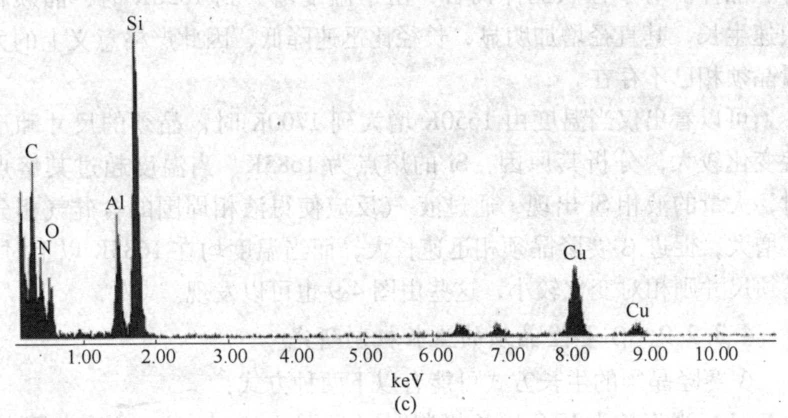

(c)

图 4-10 亚微米级 β-赛隆晶须的 FESEM 照片（a）、TEM 高倍照片（b）和对应的 EDS 结果（c）

当温度增大到 1700K 时，晶须尺度迅速增大，其直径尺度增大至微米级别，呈现出细柱状和长带状结构晶须。当为细柱状晶须时，其直径为 1~2μm，长径比在 10~20 之间；当为长带状晶时，其宽度和厚度均一，厚度为 200nm，宽度为 1~4μm，长宽比在 10~20 之间。当温度为 1800K 时，晶须出现大量长柱状晶体，片状晶体减少。长柱状晶须的 EDS 分析结果如图 4-11 所示，其中：Si 32.78%、Al 12.56%、O 18.37%、N 32.78%。根据 Si 和 Al 的质量分数计算 z 值为 1.59，可以看出几乎完全与试样配比设计值 1.6 一致。

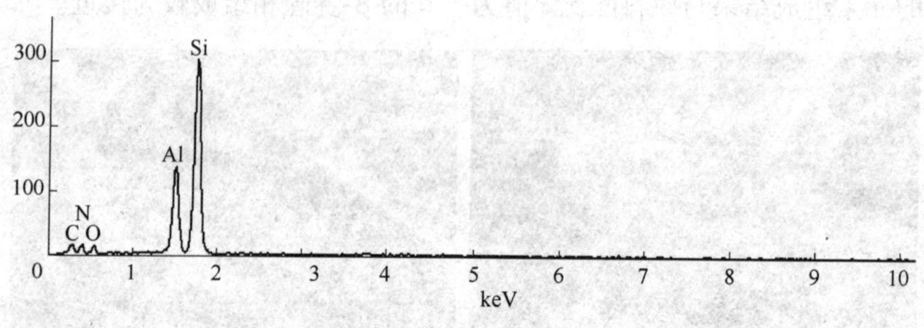

图 4-11　β-赛隆长柱状晶须的 EDS 结果

当温度为 1850K 时，表面出现大量柱状晶体和少量厚度较高的片状晶体。对于柱状晶体而言，由于温度增大到 1850K 时，晶须相快速生长，其直径增加明显，长径比迅速降低，因此严格意义上的大量晶须相已不存在。

可以看出仅当温度由 1650K 增大到 1700K 时，晶须的尺寸和形貌变化较大，分析其原因：Si 的熔点为 1685K，当温度超过其熔点时，大量的液相 Si 出现，通过液-气反应使得液相周围的含硅气相分压增大，促进 β-赛隆晶须相迅速长大，而当温度均在 1685K 以上时，晶须尺寸则相对变化较小，这些由图 4-9 也可以发现。

4.3.2.2　β-赛隆晶须的生长机制研究

β-赛隆晶须的生长方式可能有以下两种方式：

（1）当生长为 VLS 生长机制时（见图 4-12（a）），β-赛隆颗粒在液相 Si(1)、Al(1) 中析出，体系中的气相沉积到液相中，当液相中的气相达到饱和状态时将在颗粒头部生成 β-赛隆相，促使晶须持续生成。

（2）当生长为 VS 生长机制时，以表面初始阶段生成 β-赛隆小颗粒为初始晶种，周围的气相沉积到颗粒头部，使得晶须头部持续生长。气相的产生有以下两种方式：1）晶须生长所需的气相由晶须附近的固相提供，如 Si_3N_4 由埋 Si_3N_4 条件下对应的稳定含 Al 固相 AlN 提供，其晶须生长方式如图 4-12（b）所示；2）晶须生长所需的气相由晶须附近的液相 Si(l)、Al(l) 提供，其晶须生长方式如图 4-12（c）所示。

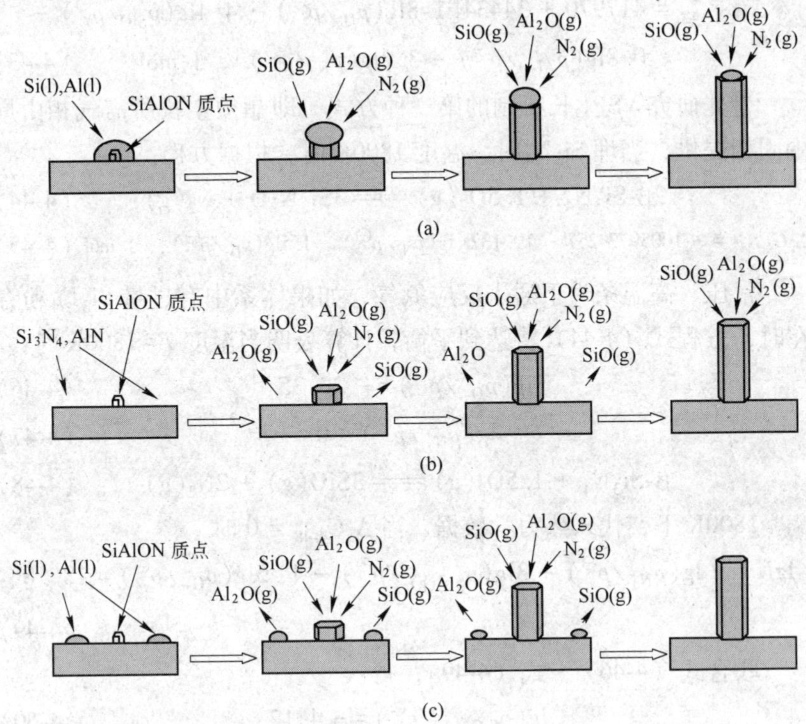

图 4-12　β-赛隆晶须的生长方式

（a）VLS 生长机制；（b）VS 生长机制，晶须生长所需气相由晶须附近固相提供；（c）VS 生长机制，晶须生长所需气相由晶须附近液相提供

从晶须显微结构上观察，β-赛隆晶须为典型的 VS 机制，即体系中的气相在晶须头部持续沉积，使得晶须持续生长。气相沉积到晶须头部生成 β-赛隆的方程可以表达为：

$$(6-z)SiO(g)+0.5Al_2O(g)+(4-0.5z)N_2(g) = Si_{6-z}Al_zO_zN_{8-z}(w)+(3-0.75z)O_2(g)(z \leqslant 3) \tag{4-41}$$

当 z=1.6 时：

$$4.4SiO(g)+0.8Al_2O(g)+3.2N_2(g) = Si_{4.4}Al_{1.6}O_{1.6}N_{6.4}(w)+1.8O_2(g)(z \leqslant 3) \tag{4-42}$$

当温度为 1800K 时：

$$\Delta_r G^{\ominus}_{4-42} = 417970 + 34434[1.8\lg(p_{O_2}/p^{\ominus}) - 4.4\lg(p_{SiO}/p^{\ominus}) - 0.8\lg(p_{Al_2O}/p^{\ominus}) - 3.2\lg(p_{N_2}/p^{\ominus})], \text{J/mol} \tag{4-43}$$

首先研究 VS 生长机制的第一种方式，即晶须生长所需气相由周围固相提供，当埋 Si_3N_4时，温度 1800K 时，根据方程：

$$2\beta\text{-}Si_3N_4 + 1.5O_2(g) = 3Si_2N_2O + N_2(g) \tag{4-44}$$

$$\Delta_r G^{\ominus}_{4-44} = -1005973\text{-}25T - 19.13T[\lg(p_{N_2}/p^{\ominus}) - 1.5\lg(p_{O_2}/p^{\ominus})], \text{J/mol} \tag{4-45}$$

常压、高温条件下通入反应氮气，如果体系中有过量 Si_3N_4粉存在时，方程式（4-44）将达到平衡，计算表明当温度 T=1800K 时：

$$\lg(p_{O_2}/p^{\ominus}) = -20.35 \tag{4-46}$$

$$\lg(p_{N_2}/p^{\ominus}) = 0 \tag{4-47}$$

$$\beta\text{-}Si_3N_4 + 1.5O_2(g) = 3SiO(g) + 2N_2(g) \tag{4-48}$$

1800K 下，代入热力学数据，当 $\Delta_r G_{4\text{-}48} = 0$ 时：

$$\lg K = 2\lg(p_{N_2}/p^{\ominus}) + 3\lg(p_{SiO(g)}/p^{\ominus}) - 1.5\lg(p_{O_2}/p^{\ominus}) = 18.18 \tag{4-49}$$

联合式（4-46）~式（4-49），得：

$$\lg(p_{SiO(g)}/p^{\ominus}) = -4.12 \tag{4-50}$$

当 $\lg(p_{N_2}/p^{\ominus})=0$、$\lg(p_{O_2}/p^{\ominus})=-20.35$、$T$=1800K 时：

$$Al_2O_3 + N_2(g) = 2AlN + 1.5O_2(g) \tag{4-51}$$

$$\Delta_r G_{4-51} = 1028700 - 92.2T + 19.134T[1.5\lg(p_{O_2}/p^{\ominus}) - \lg(p_{N_2}/p^{\ominus})] = -188368\text{J/mol} \tag{4-52}$$

因此，设 $Al_2O(g)$与 AlN 达平衡时：

$$Al_2O(g) + N_2(g) = 2AlN + 0.5O_2(g) \tag{4-53}$$

$$\Delta_r G_{4-53} = 25338 + 34434[0.5\lg(p_{O_2}/p^{\ominus}) - \lg(p_{Al_2O}/p^{\ominus}) - \lg(p_{N_2}/p^{\ominus})], \text{ J/mol} \quad (4\text{-}54)$$

当 $\Delta_r G_{4-53} = 0$、$\lg(p_{N_2}/p^{\ominus}) = 0$、$\lg(p_{O_2}/p^{\ominus}) = -20.35$ 时:

$$\lg(p_{Al_2O}/p^{\ominus}) = -9.44 \quad (4\text{-}55)$$

将式(4-46)、式(4-47)、式(4-50)和式(4-55)代入方程式(4-43),得:

$$\Delta_r G_{4-42} = 40918\text{J/mol} > 0 \quad (4\text{-}56)$$

经过上述分析可知，由固-气平衡提供气相将无法满足晶须的热力学生成条件，因此第一种方式将不是晶须的生长方式。

第二种生长方式：气相 SiO(g)、Al_2O(g) 由晶须附近的液相 Si(l)、Al(l) 提供,T=1800K 时:

$$Si(l) + 0.5O_2(g) \longrightarrow SiO(g) \quad (4\text{-}57)$$

$$\Delta_r G_{4-57} = -247406 + 34434[\lg(p_{SiO}/p^{\ominus}) - 0.5\lg(p_{O_2}/p^{\ominus})], \text{ J/mol} \quad (4\text{-}58)$$

$$2Al(l) + 0.5O_2(g) \longrightarrow Al_2O(g) \quad (4\text{-}59)$$

$$\Delta_r G_{4-59} = -261076 + 34434[\lg(p_{Al_2O}/p^{\ominus}) - 0.5\lg(p_{O_2}/p^{\ominus})], \text{ J/mol} \quad (4\text{-}60)$$

当体系中有较多液相 Si(l)、Al(l) 存在时，方程式（4-57）和式（4-59）将达到平衡，则:

$$\lg(p_{SiO(g)}/p^{\ominus}) = -2.99 \quad (4\text{-}61)$$

$$\lg(p_{Al_2O}/p^{\ominus}) = -2.59 \quad (4\text{-}62)$$

将式(4-46)、式(4-47)、式(4-61)和式(4-62)代入方程式(4-43)，得:

$$\Delta_r G_{4-42} = -303587\text{J/mol} < 0 \quad (4\text{-}63)$$

可以看出，β-赛隆晶须生长满足热力学要求，故其生长机制为 VS 生长机制的第二种方式，如图 4-12（c）所示，晶粒经过气相沉积—生成 β-赛隆相—晶须长大。

因此，热力学分析可以用于 β-赛隆晶须的合成控制及生长机制分析。

4.4　煤矸石基赛隆对气氛的敏感程度分析

由前述分析可知，气氛是影响 β-赛隆制备的重要因素，许多碳热还原氮化合成研究中 β-赛隆常与 O′-赛隆、赛隆多型体材料等物相共存，导致 β-赛隆合成纯度的降低。对于赛隆氮氧化物而言，共存物相的并存与气氛是否有关以及影响方式如何等，需要进一步研究。

实验所用原料见表 4-6。为避免残碳对合成的影响，煤矸石细粉在使用前经高温（800℃）脱碳预处理，其化学组成见表 4-7。

表 4-6　赛隆的合成实验原料

原　料	纯度/%	粒度/μm
煤矸石细粉		5
Si 粉	99.0	74
Al 粉	99.5	74
Al_2O_3微粉	99.5	5
炭黑	99.5	45

表 4-7　煤矸石的化学组成　　　（质量分数，%）

原　料	SiO_2	Al_2O_3	CaO	Fe_2O_3	MgO
煤矸石细粉	64.8	27.7	0.7	3.0	1.1

以煤矸石粉为主要原料，采用复合还原氮化方式分别制备 O′-赛隆、赛隆多型体。其中，赛隆多型体主要针对 15R-赛隆多型体和 12H-赛隆多型体的制备。图 4-13 为煤矸石组分、β-赛隆、O′-赛隆、X-赛隆、15R-赛隆多型体和 12H-赛隆多型体在 Si_3N_4-SiO_2-Al_2O_3-AlN 体系中的对应组成示意图。表 4-8 为不同赛隆材料的对应晶系和晶胞参数。

根据煤矸石细粉的组成，计算可知其组成中 SiO_2和 Al_2O_3的摩尔比约为 4。以煤矸石为主要原料制备 O′-赛隆、15R-赛隆多型体、12H-赛隆多型体和 X-赛隆，并以合成 z 值为 3.6 的 β-赛隆作为对比，其制备反应方程式如下：

$$4SiO_2 + Al_2O_3 + 4Si + 4C + 4N_2 \longrightarrow$$
$$2Si_{1.6}Al_{0.4}O_{1.4}N_{1.6}(\text{O}'\text{-赛隆}) + 4CO \qquad (4\text{-}64)$$

$$4SiO_2 + Al_2O_3 + 14Al + 3C + 8N_2 \longrightarrow$$

$$4SiAl_4O_2N_4(15R\text{-赛隆}) + 3CO \tag{4-65}$$

$$4SiO_2 + Al_2O_3 + 18Al + 3C + 10N_2 \longrightarrow$$
$$4SiAl_5O_2N_5(12H\text{-赛隆}) + 3CO \tag{4-66}$$

$$4SiO_2 + Al_2O_3 + 4Al + 5C + 3.67N_2 \longrightarrow$$
$$1.67Si_{2.4}Al_{3.6}O_{3.6}N_{4.4}(\beta\text{-赛隆}) + 5CO \tag{4-67}$$

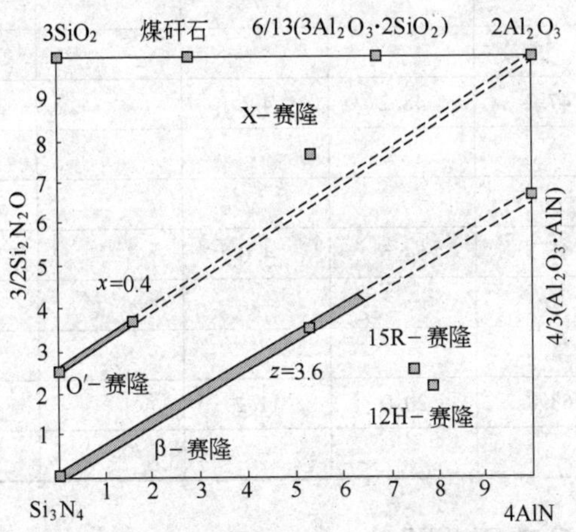

图 4-13 Si_3N_4-SiO_2-Al_2O_3-AlN 体系中的对应组成示意图

表 4-8 不同赛隆材料的对应晶系和晶胞参数

赛隆材料	晶系	晶胞参数	
		棱长	夹角
β-赛隆	六方晶系	$a=b=7.6664$，$c=2.9595$	$\alpha=\beta=90°$，$\gamma=120°$
O′-赛隆	正交晶系	$a=8.9239$，$b=5.4982$，$c=4.8599$	$\alpha=\beta=\gamma=90°$
15R-赛隆	六方晶系	$a=b=3.014$，$c=41.73$	$\alpha=\beta=90°$，$\gamma=120°$
12H-赛隆	六方晶系	$a=b=3.03$，$c=32.73$	$\alpha=\beta=90°$，$\gamma=120°$

结合 4.2 中对 β-赛隆的合成的热力学研究，实验选择三种合成气氛：（1）空气条件下埋焦炭合成，简称 AC 气氛。（2）氮气（$\alpha=0.999$）条件下，简称 NA 气氛。（3）氮气（$\alpha=0.999$）条件下埋焦炭，简称 NC 气氛；合成温度 $T=1800K$，保温时间为 6h。合成试样配比和编号见表 4-9。

表 4-9　不同的赛隆合成试样原料配比和编号(质量分数,%)

试　样	原　料				合成气氛	编号
	煤矸石	Al	C	Si		
O 号	69.8		9.1	21.1	AC	O1
					NA	O2
					NC	O3
R 号	47.2	48.2	4.6		AC	R1
					NA	R2
					NC	R3
H 号	41.5	54.5	4.0		AC	H1
					NA	H2
					NC	H3
B 号	68.8	20.0	11.2		AC	B1
					NA	B2
					NC	B3

4.4.1　煤矸石合成 O′-赛隆

图 4-14 为高温下合成试样 O1、O2 和 O3 的 XRD 图谱。

由图 4-14 可以看出，气氛对合成试样相组成的影响较大，表现为：

(1) 当气氛为 AC 气氛时，试样几乎未氮化，有大量的残留硅出现。分析其原因：反应初始阶段，试样中含有的大量单质硅与气氛中的 O_2 反应生成氧化膜，阻止了气体向试样内部的扩散，使得内部的硅粉无法进一步反应，从而以硅单质相的形式存在，内部的氧化物发生固相反应，生成莫来石相。

(2) 当气氛为 NA 气氛时，试样完全氮化，合成了较高纯度的 O′-赛隆相，仅含有少量的 X-赛隆。分析 O′-赛隆的合成过程：

$$Si(s) = Si(l)\ (1685K) \tag{4-68}$$

液相硅直接生成 Si_2N_2O：

$$3Si(l) + 2N_2(g) + SiO_2 = 2\,Si_2N_2O \tag{4-69}$$

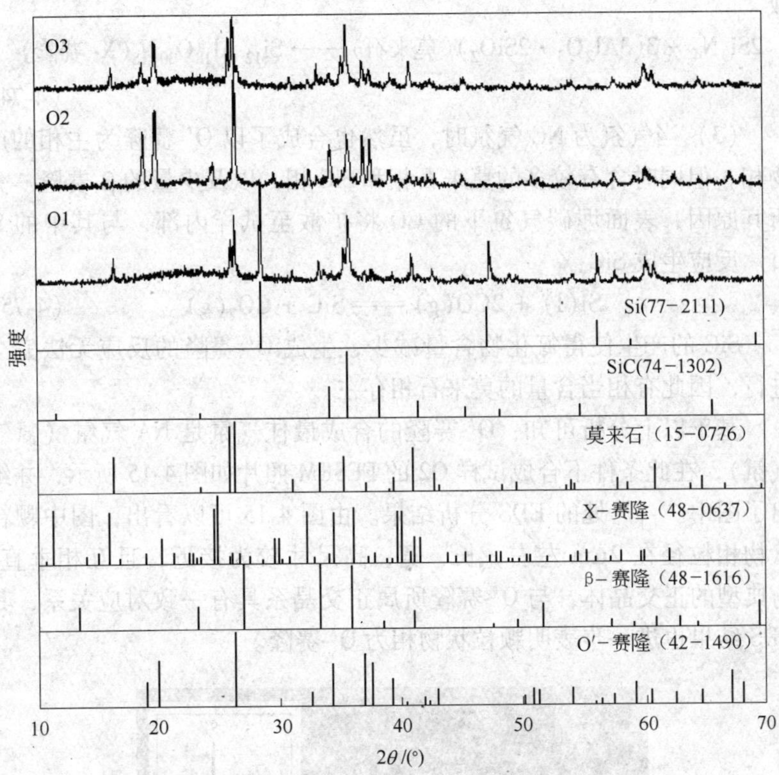

图 4-14 试样 O1（AC 气氛）、O2（NA 气氛）和 O3（NC 气氛）的 XRD 图谱

或先生成 Si_3N_4，再与 SiO_2 反应生成 Si_2N_2O：

$$3Si(l) + 2N_2(g) = Si_3N_4 \tag{4-70}$$

$$Si_3N_4 + SiO_2 = 2\,Si_2N_2O \tag{4-71}$$

生成的 Si_2N_2O 与原料中的 Al_2O_3 反应生成 O′-赛隆：

$$0.8Si_2N_2O + 0.2\,Al_2O_3 = Si_{1.6}\,Al_{0.4}O_{1.4}N_{1.6}(\text{O}'\text{-赛隆}) \tag{4-72}$$

X-赛隆可由氮化物和莫来石固溶合成：

$$3Si_2N_2O + 3(3\,Al_2O_3 \cdot 2SiO_2)(\text{莫来石}) \longrightarrow Si_{12}\,Al_{18}O_{42}N_6(\text{X-赛隆}) \tag{4-73}$$

或

$$2Si_3N_4 + 3(3Al_2O_3 \cdot 2SiO_2)(莫来石) \longrightarrow Si_{12}Al_{18}O_{39}N_8(X\text{-}赛隆) \tag{4-74}$$

（3）当气氛为 NC 气氛时，虽然也合成了以 O′-赛隆为主相的产物相，但同时含有较多的莫来石相和 SiC 相，以及少量的β-赛隆。分析其原因，表面埋碳气氛下的 CO 将扩散至试样内部，与其中的 Si（l）反应生成 SiC：

$$Si(l) + 2CO(g) \xlongequal{\quad} SiC + CO_2(g) \tag{4-75}$$

SiC 的产生使得氮化物含量减少，生成 O′-赛隆的反应无法完全进行，因此有相当含量的莫来石相存在。

基于以上分析可知：O′-赛隆的合成最佳气氛是 NA 气氛（氮气气氛），在此条件下合成试样 O2 的 FESEM 照片如图 4-15 所示，并给出了图中“□”处的 EDS 分析结果。由图 4-15 可以看出，图中颗粒状物相粒径在 2μm 左右，长、宽、高尺寸较为接近，且互相垂直，为典型的正交晶体，与 O′-赛隆所属正交晶系具有一致对应关系，其 EDS 结果也进一步表明颗粒状物相为 O′-赛隆。

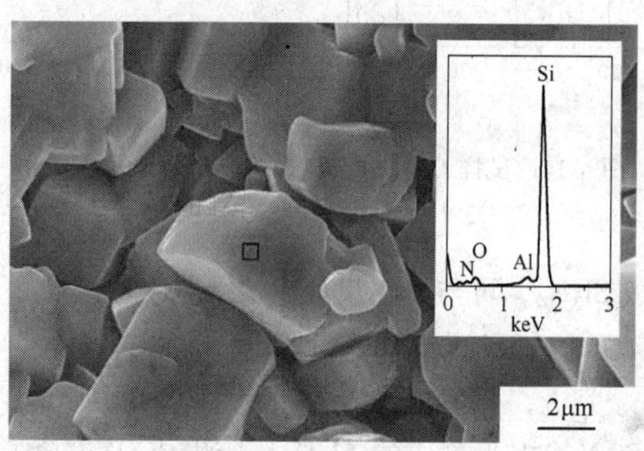

图 4-15 试样 O2 的 FESEM 照片和对应的 EDS 结果

4.4.2 煤矸石合成赛隆多型体

图 4-16 为高温下合成试样 R1、R2、R3 和 H1 的 XRD 图谱。

由图 4-16 可以看出气氛对合成试样相组成的影响较大。以合成

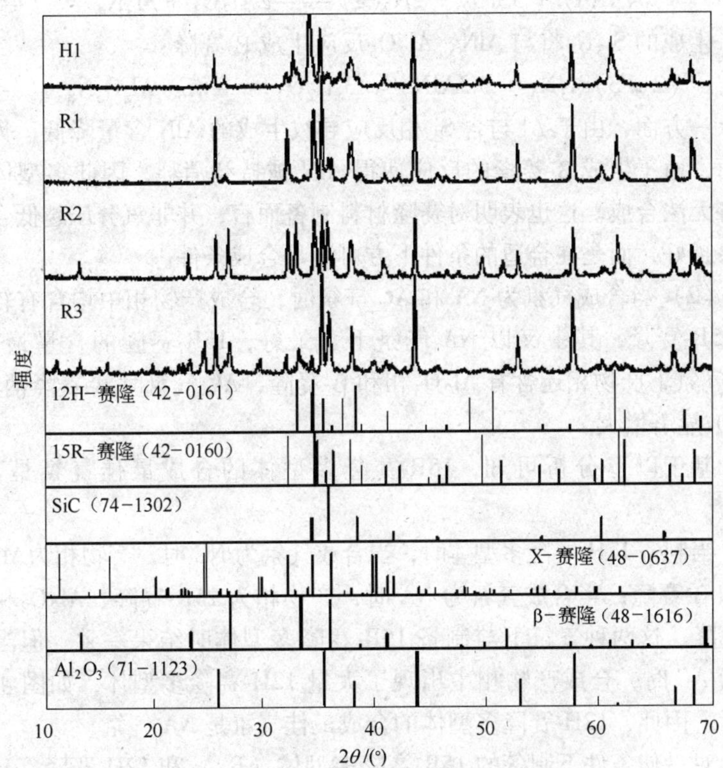

图 4-16　试样 R1（AC 气氛）、R2（NA 气氛）、R3（NC 气氛）和 H1（AC 气氛）的 XRD 图谱

15R-赛隆为例：

（1）当气氛为 NC 气氛时，试样合成产物相以 Al_2O_3 相和 β-赛隆为主，还有少量的 X-赛隆。分析其原因。

多型体材料的合成过程为：

$$Al(l) + 0.5N_2(g) \xlongequal{} AlN \tag{4-76}$$

$$SiO_2 + xAlN \xlongequal{} SiO_2 \cdot (AlN)_x \tag{4-77}$$

当通入气氛为 NC 气氛时，氧分压极低，Al 将与 SiO_2 或 SiO(g) 发生反应：

$$2Al(l) + 3SiO(g) + 2N_2(g) \xlongequal{} Al_2O_3 + Si_3N_4 \tag{4-78}$$

$$4Al(l) + 3SiO_2 + 2N_2(g) \longequal 2Al_2O_3 + Si_3N_4 \quad (4\text{-}79)$$

生成的 Si_3N_4 将与 AlN、Al_2O_3 反应生成 β-赛隆：

$$(2\text{-}z/3)Si_3N_4 + z/3AlN + z/3Al_2O_3 \longequal Si_{6\text{-}z}Al_zO_zN_{8\text{-}z} \quad (4\text{-}80)$$

一方面，由于 Al 与含 Si 相反应导致生成的 AlN 含量降低；另一方面，由于生成 β-赛隆的反应使得 AlN 被持续消耗，因此多型体材料将无法合成。这也表明对赛隆材料制备而言，并非氧分压越低合成效果越好，而是在合适的条件下方可满足合成条件。

（2）当合成气氛为 NA 和 AC 气氛时，合成产物相中均含有较高的 15R-赛隆，其中又以 NA 气氛下为最好，15R-赛隆的含量最高。NA 气氛下产物相还含有 Al_2O_3 相和 β-赛隆，AC 气氛时 β-赛隆消失，Al_2O_3 显著增大。

基于以上分析可知，15R-赛隆多型体的合成最佳气氛是 NA 气氛。

当制备 12H-赛隆多型体时，当合成气氛为 NC 时，产物相为 Al_2O_3 相和 β-赛隆；当合成气氛为 NA 时，产物相为 15R-赛隆、Al_2O_3 相和 β-赛隆，这两种气氛下与制备 15R-赛隆多型体时结果一致。但当气氛为 AC 时，合成产物相中出现了大量 12H-赛隆多型体，如图 4-16 所示。因此，12H-赛隆多型体的合成最佳气氛是 NA 气氛。

对最佳条件下制备的 15R-赛隆多型体（R2）和 12H-赛隆（H1）进行扫描电镜观察，其 FESEM 照片和图中对应“□”处的 EDS 分析结果如图 4-17 所示。由图 4-17 可以看出，图中合成了大量片状物相，

(a)

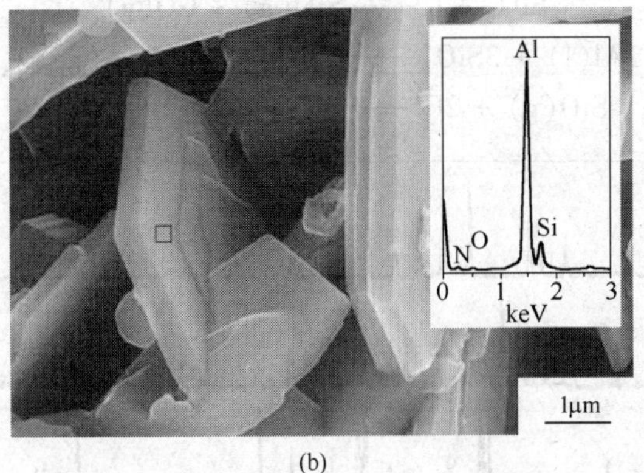

(b)

图 4-17 试样 R2（a）和 H1（b）的 FESEM 照片和对应的 EDS 结果

表现为较为规则的六边形结构，为典型的六方片状晶体，与赛隆多型体晶型结构一致，其厚度为 0.2～0.3um，且多呈现分层生长，晶体表面出现明显的生长纹。

EDS 结果表明（图 4-17 中的“□”处）片状物相组成与多型体材料的理论组成几乎完全一致，进一步表明层状物相分别为 15R-赛隆多型体和 12H-赛隆多型体。

4.4.3 煤矸石合成 β-赛隆

图 4-18 为试样 B1、B2 和 B3 的 XRD 图谱照片。可以看出，试样 B2 合成了以 X-赛隆为主相的产物相，B3 合成了以 β-赛隆为主相的产物相，并且同一配比下的试样随气氛变化时其产物相差异较大。分析其原因，从相组成图 4-1 可知，X-赛隆与 $z = 3.6$ 的 β-赛隆具有相同的 Si/Al 原子摩尔比，基于此，分析试样在不同气相下的产物相组成。

（1）当气氛为 AC 气氛时，试样同样几乎未氮化，部分氧化物如 Al_2O_3 和 SiO_2 在高温下生成莫来石相，试样中的 C 与氧化物反应生成 SiC：

$$4SiO_2 + Al_2O_3 \longrightarrow 3.33\,SiO_2 + 0.33\,(3Al_2O_3 \cdot 2SiO_2)\text{（莫来石）} \tag{4-81}$$

$$SiO_2 + C \longrightarrow SiO(g) + CO(g) \tag{4-82}$$

$$2Al(l) + 3SiO_2 \longrightarrow 3SiO(g) + Al_2O_3(g) \tag{4-83}$$

$$SiO(g) + 2C \longrightarrow SiC + CO(g) \tag{4-84}$$

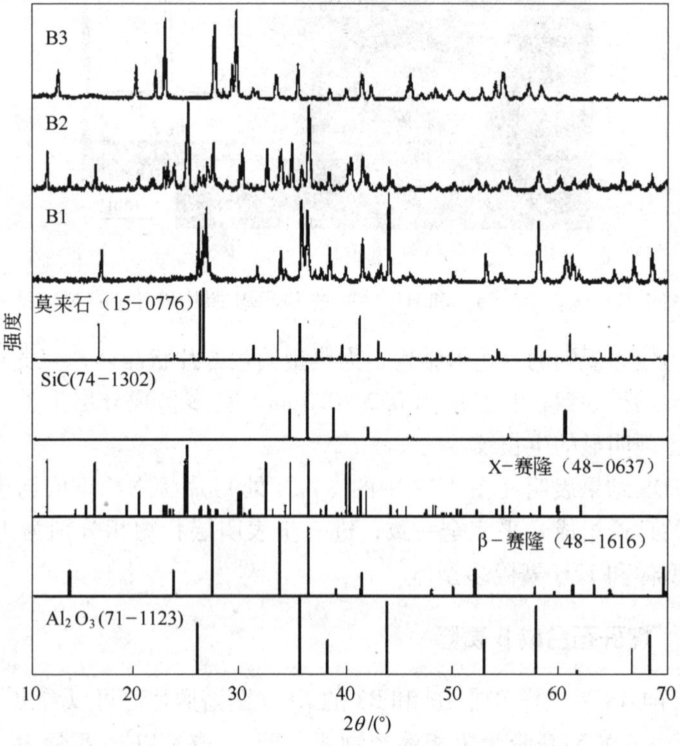

图 4-18 试样 B1（AC 气氛）、B2（NA 气氛）和 B3（NC 气氛）的 XRD 图谱

（2）当气氛为 NC 气氛时，和前述分析一致，在氮气埋碳条件下可以制备 β-赛隆，其过程可表述为：

$$3SiO(g) + 2N_2(g) + 3C \longrightarrow Si_3N_4 + 3CO(g) \tag{4-85}$$

$$2Al(l) + 3SiO(g) + 2N_2(g) = Al_2O_3 + Si_3N_4 \tag{4-86}$$

$$Al(l) + 0.5N_2(g) \longrightarrow AlN \tag{4-87}$$

$$(8\text{-}z/3)Si_3N_4 + z/3Al_2O_3 + z/3AlN \longrightarrow Si_{6-z}Al_zO_zN_{8-z}(\beta\text{-SiAlON}) \tag{4-88}$$

但前述研究表明，当采用金属参与下的氮化方式制备 β-赛隆时，

选择埋 Si_3N_4 方式较为合适，因此产物相中也存在有少量 Al_2O_3 相和 SiC 相。

（3）当气氛为 NA 气氛时，一方面氧分压不能满足 β-赛隆制备要求，另一方面体系中的气相如 SiO(g)、CO(g) 被流动氮气持续带出，如还原剂 Al 被持续消耗而无法充分氮化为 AlN，使得合成 β-赛隆的反应无法充分进行，此时生成的 Si_3N_4 将与莫来石反应生成 X-赛隆，即所谓"氮化"莫来石：

$$3Al_2O_3 \cdot 2SiO_2 + 2C \longrightarrow 2SiO(g) + 3Al_2O_3 + 2CO(g) \tag{4-89}$$

合成试样 B1、B2 和 B3 的 FESEM 照片如图 4-19 所示，并给出了图中"□"处的 EDS 分析结果。由图 4-19 可以看出，不同气氛下制

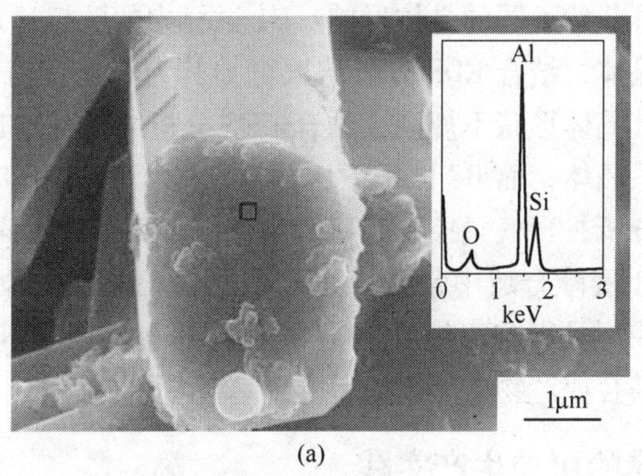

(a)

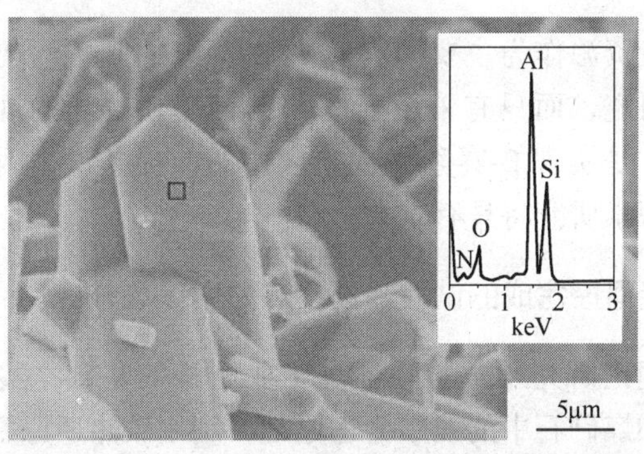

(b)

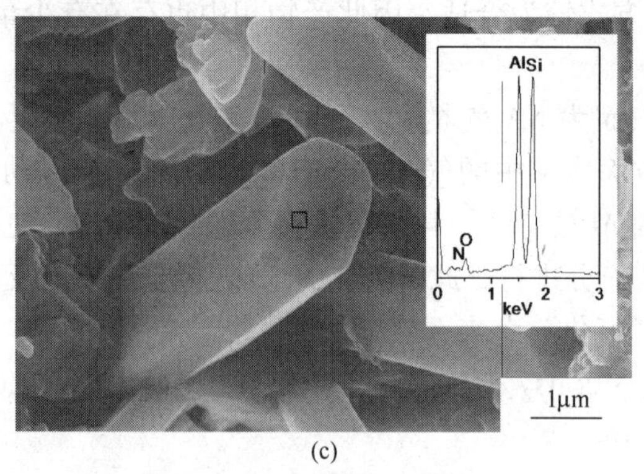

(c)

图 4-19　试样 B1（a）、B2（b）和 B3（c）的 FESEM 照片和对应的 EDS 结果

备的试样具有截然不同的晶体形貌：B1 试样中的颗粒呈现柱状头部，为四边形的晶体，结合 EDS 分析结果可知其为莫来石相；B2 试样中颗粒较大，其晶体形状不规则，结合 EDS 分析结果可知其为 X-赛隆，对应三斜晶系晶体；而 B3 试样中这位六方柱状的 β-赛隆晶体。

由以上分析，当气氛控制为不同条件下，将合成不同类型的赛隆相，这也是 β-赛隆合成中常常产生其他赛隆相共存的原因之一。因此，气氛的控制是影响高纯度 β-赛隆制备的重要因素，合适的气氛将有助于提高合成产物的纯度。

4.5　β-赛隆的可控生产实践

对于固废资源作为主要原料实现 β-赛隆的制备，现今研究大多仍为实验室研究，而只有采用合适方式实现 β-赛隆的规模化、经济化可控合成才是实现 β-赛隆大规模应用的前提条件，因此对工业规模化生产的探索研究将具有重大意义。

4.5.1　β-赛隆可控合成的试验验证及热力学参数分析

实验室理论研究及试验验证是工业制备的基础，实验采用煤矸石，以炭黑和煤矸石中的残碳为还原剂，利用碳热还原氮化方式合成 β-赛隆（合成 z 值约 1.8）材料，反应方程式如下：

$$4.2SiO_2 + 0.9Al_2O_3 + 9.3C + 3.1N_2 = Si_{4.2}Al_{1.8}O_{1.8}N_{6.2} + 9.3CO \tag{4-90}$$

4.5.1.1 煤矸石合成β-赛隆的试验参数设计

试样配碳总量（炭黑与残碳之和）较理论值分别过量25%、50%和75%（分别编号为B1、B2和B3试样），合成温度1800K，按合成气氛分别为空气中埋炭粉、不同纯度氮气（α=0.995和0.999）下埋炭粉，并以氮气不埋焦炭条件作为对比，设定保温时间为6~10h。

表4-10列出了煤矸石制备β-赛隆的原料配比、合成参数和对应的试样编号。

表4-10 煤矸石β-赛隆的原料配比、合成参数和对应的试样编号

试样	原料配比/%		合成参数			编号
	煤矸石	炭黑	是否埋碳	氮气纯度	保温时间	
B1	87.0	13.0	是	0.79（空气）	6h	11号
			是	0.995	6h	12号
			是	0.995	10h	13号
			是	0.999	6h	14号
			否	0.995	6h	15号
B2	82.5	17.5	是	0.79（空气）	6h	21号
			是	0.995	6h	22号
			是	0.995	10h	23号
			是	0.999	6h	24号
			否	0.995	6h	25号
B3	78.6	21.4	是	0.79（空气）	6h	31号
			是	0.995	6h	32号
			否	0.995	6h	35号

4.5.1.2 煤矸石合成β-赛隆的试验结果

图4-20为试样B2在不同气氛下高温合成后的XRD图谱，其中图4-20中（a）、（b）和（c）分别对应的合成气氛为空气埋碳条件

下、氮气埋碳条件下和氮气条件下。

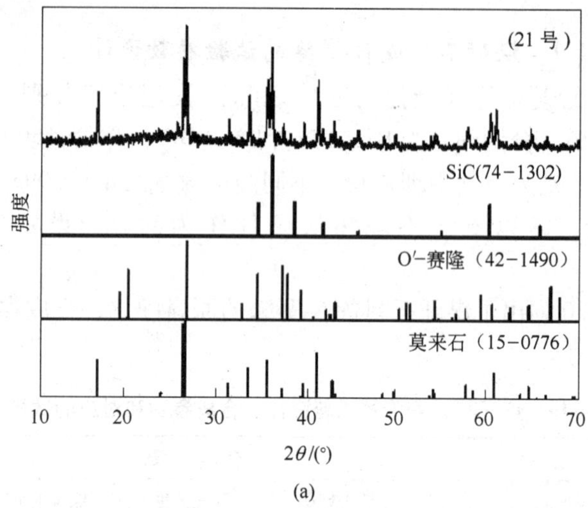

(a)

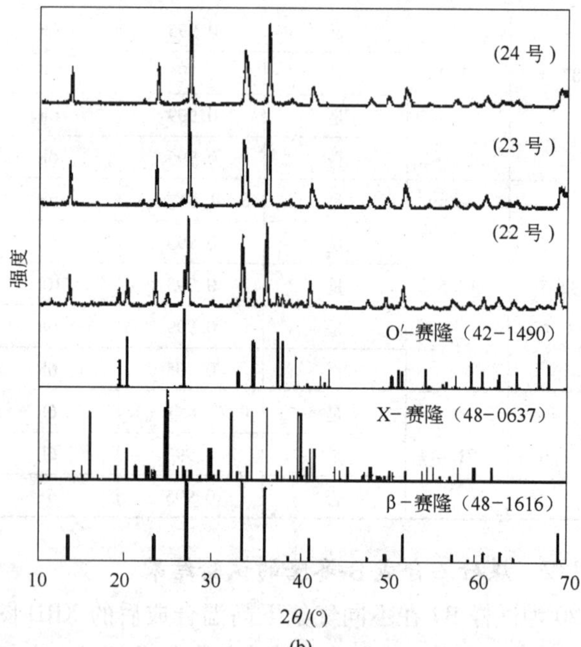

(b)

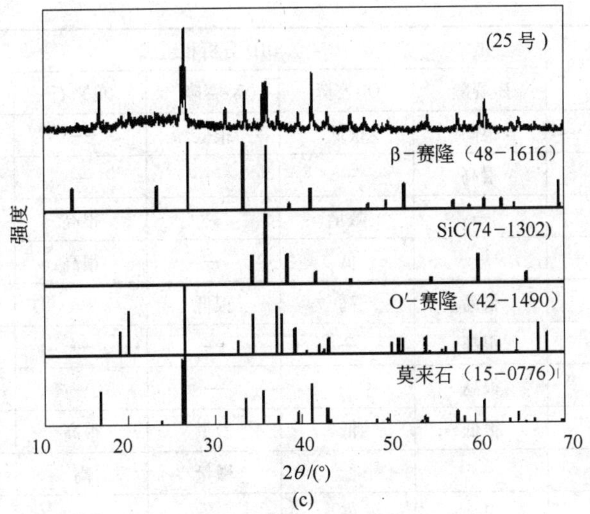

图 4-20 试样的 XRD 图谱

(a) 21 号;(b) 22~24 号;(c) 25 号

由图 4-20 可以看出,以 β-赛隆为主要产物相在氮气埋碳条件下可以被合成,但其他两种条件下则几乎未能合成 β-赛隆。对试样 B2 在氮气埋碳条件下的合成而言,当提高氮气纯度(由 22 号到 24 号)或增加保温时间(由 22 号到 23 号)将促使高纯度的 β-赛隆产物相的合成。

对于试样 B1 和 B3 也存在相似的合成结果,即在氮气埋碳条件件高纯度的 β-赛隆可以被合成。根据不同试样的 XRD 图谱结果,表 4-11示出了不同气氛下合成试样的相组成分析结果,其中以某晶相的最强特征峰的积分面积与所有晶相最强特征峰积分面积的比值来估算试样中某晶相的相对含量,并分别以很高、高、中等、低、很低和微量表示不同相在产物相中的相对含量。

表 4-11 合成试样的相组成

试样编号	XRD 分析相组成				
	β-赛隆	O′-赛隆	X-赛隆	莫来石	SiC
11 号	—	很低	—	很高	高
12 号	很高	中等	微量	—	高

续表 4-11

试样编号	XRD 分析相组成				
	β-赛隆	O′-赛隆	X-赛隆	莫来石	SiC
13 号	很高	很低	很低	—	—
14 号	很高	—	—	—	高
15 号	—	微量	—	很高	中等
21 号	—	低	—	很高	高
22 号	很高	高	很低	—	—
23 号	很高	—	—	—	—
24 号	很高	—	—	—	—
25 号	很低	低	微量	很高	高
31 号	—	低	微量	高	很高
32 号	很高	低	—	—	—
35 号	微量	低	微量	很高	高

根据方程式（4-88），在通氮埋碳条件下制备 z 值为 2 的 β-赛隆，结果表明合成了纯度较高的 β-赛隆，其 XRD 图谱如图 4-21 所示，这表明用后铁沟料中的少量 SiC 可以在反应过程中充当还原剂的作用，这也说明了 SiC 在埋碳、碳热还原氮化条件下将转化为 β-赛隆。

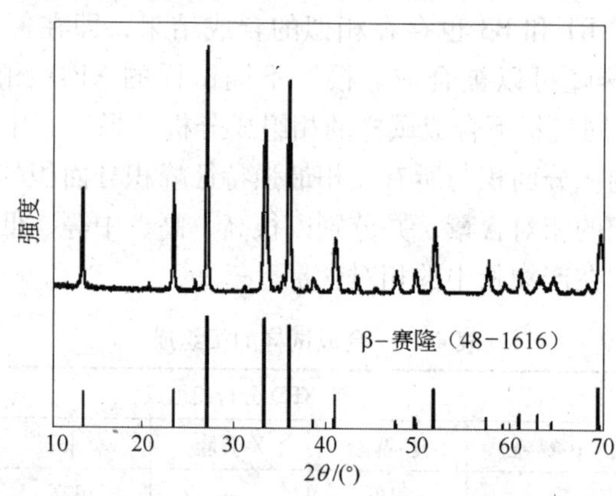

图 4-21　以煤矸石和用后铁沟料制备 β-赛隆的 XRD 图谱

4.5.1.3 β-赛隆可控合成的热力学分析

结合前述热力学分析，不同通氮纯度下的相稳定区域和气氛参数如图 4-22 所示，图中 H、C、M 和 N 点分别代表通入氮气的纯度为 0.79（对应空气条件下）、0.945、0.995 和 0.999。

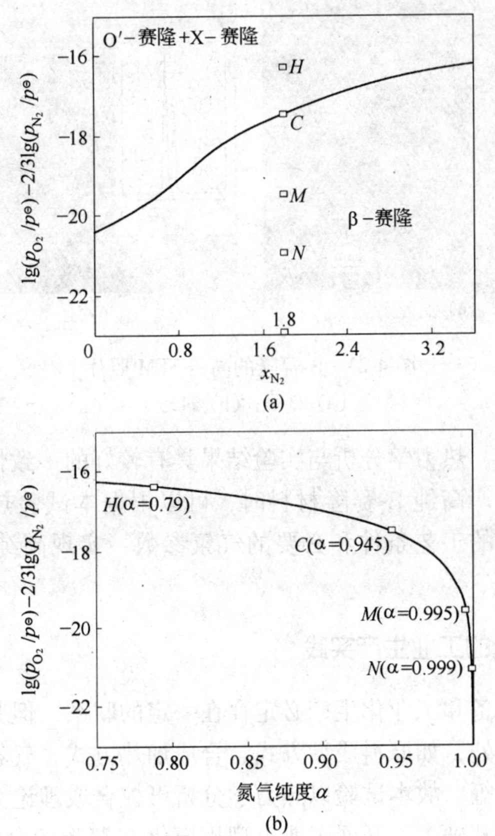

图 4-22 不同通氮纯度下的相稳定区域（a）和气氛参数（b）

实验中高纯 β-赛隆可以在两种条件下被合成：（1）通氮纯度 99.5%，炭黑加入量过量 50%，保温时间 10h（23 号，气氛对应图 4-22 中 M 点）；（2）通氮纯度 99.9%，炭黑加入量过量 50%，保温时间 6h（24 号，气氛对应图 4-22 中 N 点）。试样 23 号和 24 号的断口（见图 4-23，表面喷碳）表面出现了大量的柱状晶粒，EDS 分析表明柱状晶（图4-23（b）中1处）为生成的β-赛隆，保温时间较长时柱状晶粒（23号）发育较大，通氮纯度较高时晶粒（24号）发育则较为规则。

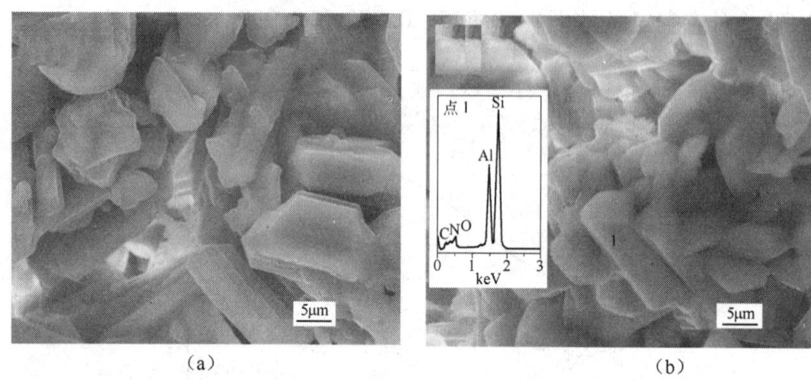

（a）　（b）

图4-23　β-赛隆的高倍SEM照片
（a）23号；（b）24号

可以看出，热力学分析与实验结果具有较好的一致性。因此，在今后规模化生产高纯β-赛隆材料时，可以根据本试验热力学分析结果，确定合成的工艺条件和必要的气氛参数，实现高纯β-赛隆的可控合成。

4.5.2　β-赛隆的工业生产实践

实验室制备和工业化生产必定存在一定的联系，但其合成方式又有许多不同之处，如原料成型方式、合成加热方式、气氛控制方式和升温参数设定等。故本试验以热力学分析可控合成理论为基础，在实验室合成试验基础上，开展工业小型规模化β-赛隆的合成。

小规模化试验采用电炉合成，采用连续化对辊挤压方式造球作为合成样，制备煤矸石球（制球原料为煤矸石粉和炭黑）。试验设备如图4-24所示，分别由制块机、制氮机、电控设备和窑炉构成。

工业实验配比基于实验室设计而定，炭黑加入量以理论值的125%，每炉实验配料200kg，其配比和合成参数见表4-12。其中氮气纯度由制氮机控制。

图 4-24 工业规模化制备 β-赛隆的设备

表 4-12 工业化制备 β-赛隆的原料配比和合成参数

试样	原料配比/ kg		合成参数		
	煤矸石	炭黑	是否埋碳	氮气纯度	保温时间
G1	174	26	否	0.995	6h
G2	174	26	是	0.985	6h
G3	174	26	是	0.995	6h

图 4-25 为球状样的照片。其中，图 4-25（a）为原煤矸石球的形貌，图 4-25（b）为制备的 β-赛隆球的形貌。

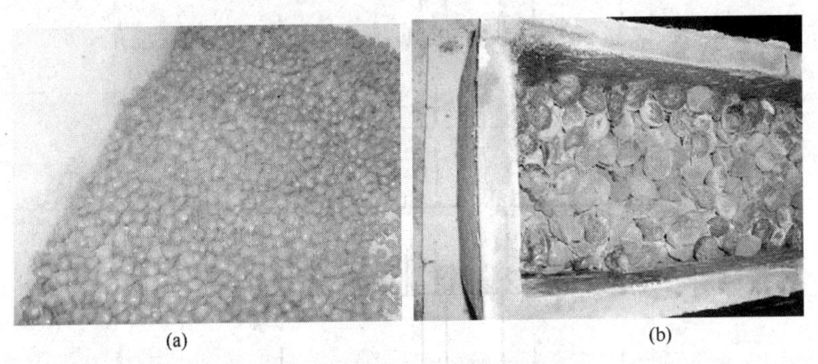

图 4-25 工业规模化造球形貌
（a）原煤矸石球；（b）制备的 β-赛隆球

对合成的试样进行 XRD 分析，如图 4-26 所示。

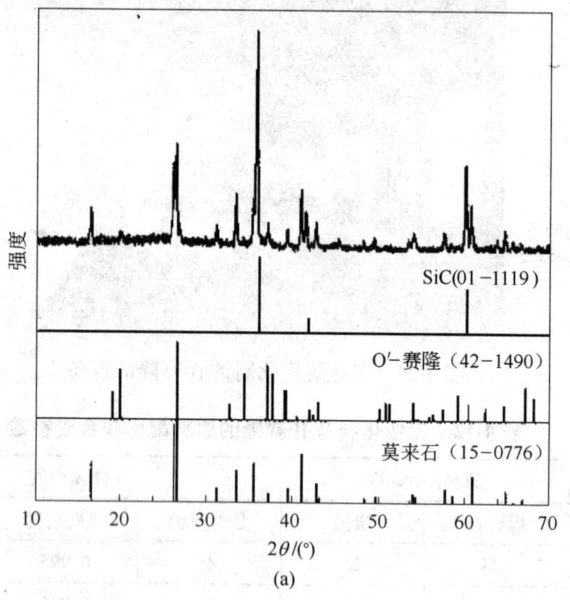

(a)

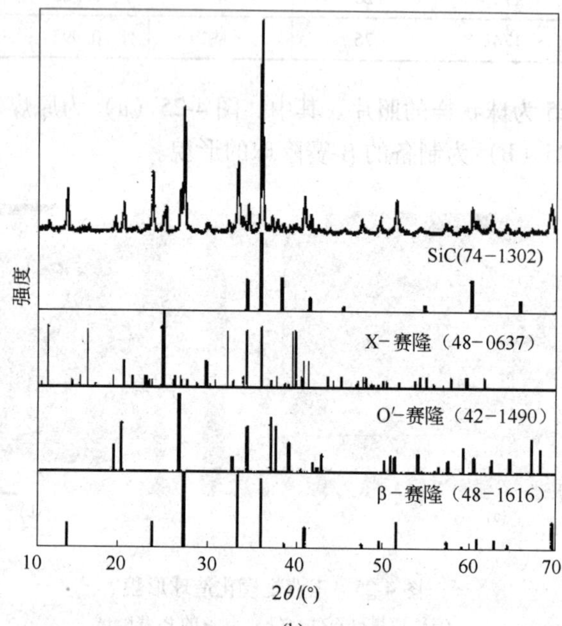

(b)

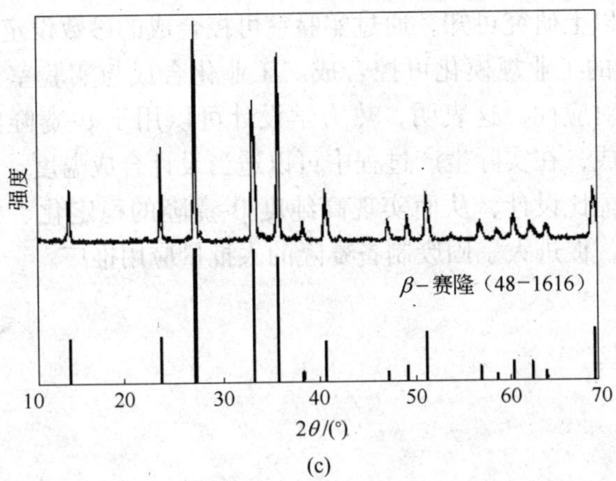

(c)

图 4-26　试样 G1、G2 和 G3 的 XRD 图谱

(a) G1；(b) G2；(c) G3

可以看出，工业化制备和实验室具有相似之处，埋碳仍然是合成β-赛隆的必要条件，不埋碳时 β-赛隆将不能被合成。而氮气纯度是制备高纯 β-赛隆的前提，当氮气纯度较低时（纯度 98.5%）SiC 含量较高，当氮气纯度较高时可以合成高纯度的 β-赛隆。图 4-27 为 G3 球的 SEM 照片，可以看出试样中含有大量柱状 β-赛隆晶体。

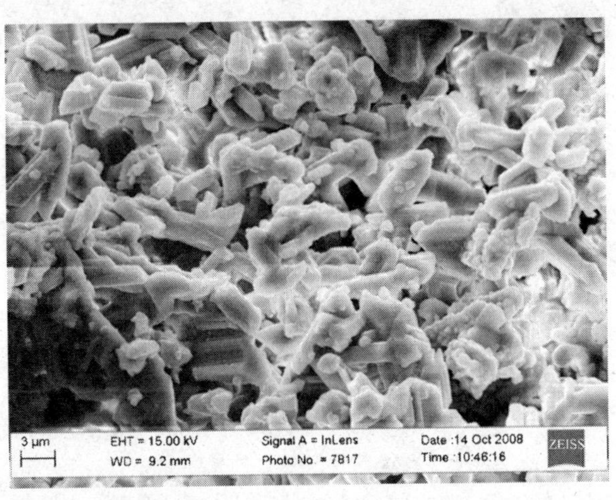

图 4-27　试样 G3 的 SEM 照片

基于以上研究可知，通过实验室可控合成的参数设定同样可以实现β-赛隆的工业规模化可控合成。工业化合成与实验室合成具有较好的一致对应性，这表明，热力学设计可以用于β-赛隆的工业规模化可控合成，在实际生产过程中可以适当设计合成温度、合成气氛纯度、合成配比设计，从而实现高纯度β-赛隆的稳定化、经济化和规模化生产，促进大宗固废制备赛隆的大批量应用推广。

附　录

附表1　部分物质的熔点、熔化焓、沸点、蒸发焓、转变点、转变焓

物　质	熔点 /K	熔化焓 /kJ·mol^{-1}	沸点 /K	蒸发焓 /kJ·mol^{-1}	转变点 /K	转变焓 /kJ·mol^{-1}
Al	933	10.711	2767	290.775	—	—
α-Al_2O_3	2327	118.407	(3573)	—	—	—
C_{gr}	4073	—	—	—	—	—
Ca	1112	8.535	1757	153.636	720	0.92
CaF_2	1691	29.706	2783	312.126	1424	4.770
$CaCl_2$	1045	28.451	2273	—	—	—
CaO	2888	79.496	3773	—	—	—
$CaSiO_3$	1817	56.066	—	—	1463	5.439
Ca_2SiO_4	2403	—	—	—	970;17100	1.841;14.184
Ca_3SiO_5	2343	—	—	—	—	—
Fe	1809	13.807	3135	349.573	1184;1665	0.90;0.837
$FeCl_3$	577	43.095	605	—	—	—
FeO	1650	24.058	—	—	—	—
Fe_3O_4	1870	138.072	—	—	866	—
Fe_2O_3	1730	—	分解	—	953;1053	0.669;—
Fe_3C	1500	51.463	分解	—	463	0.753

续附表 1

物　质	熔点 /K	熔化焓 /kJ·mol^{-1}	沸点 /K	蒸发焓 /kJ·mol^{-1}	转变点 /K	转变焓 /kJ·mol^{-1}
Fe_2SiO_4	1493	92.048	—	—	—	—
$FeTiO_3$	1743	90.793	分解	—	—	—
H_2O	273	6.016	373	41.11	—	—
Mg	922	8.954	1363	127.399	—	—
MgO	3098	77.404	3533	—	—	—
N_2	63	0.720	77	5.581	36	0.23
O_2	54	0.445	90	6.8	24;44	0.0938;0.7436
Si	1685	50.208	3492	384.8	—	—
SiO_2(方石英)	1996	9.581	—	—	543	1.339
Ti	1933	18.619	3575	426.350	1155	4.142
Ti_2O_3	2112	110.458	—	—	473	0.879
Ti_3O_5	2047	138.072	—	—	450	11.757
TiO_2(金红石)	21430	66.944	—	—	—	—
TiN	3223	62.760	—	—	—	—
TiC	3290	71.128	—	—	—	—
TiB_2	3193	100.416	4250	—	—	—
Zn	693	7.322	1180	115.332	—	—
ZnO	2243	—	—	—	—	—
Zr	2125	20.920	4777	590.488	—	—
ZrO_2	2950	87.027	4548	—	1478	5.941

附表 2　某些物质的基本热力学数据

物　质	$\Delta_f H^{\ominus}_{298}$ /kJ · mol^{-1}	$-\Delta_f G^{\ominus}_{298}$ /kJ · mol^{-1}	$S^{\ominus}_{298}$ /J · (mol · K)$^{-1}$	$c_p = a + bT + c'T^{-2} + cT^2$/J · (mol · K)$^{-1}$				
				a	$b\times10^3$	$c'\times10^{-5}$	$c\times10^6$	温度范围/K
Al(s)	0.00	0.00	28.32	31.376	−16.393	−3.607	20.753	298~933
$AlCl_3$(s)	−705.632	630.20	110.70	64.936	87.864	—	—	273~454
AlF_3(s)	−1510.424	1410.01	66.53	90.96 3.795	17.656 126.817	−18.774 62.672	0.0 0.0	298~500 500~728
α-Al_2O_3	−1675.274	1674.43	50.99	103.85 102.52	26.267 9.192	−29.091 −48.367	0.0 0.0	298~800 800~2327
C(石墨)	0.00	0.00	5.74	0.084 24.435	38.911 0.418	−1.464 −31.631	−17.36 0.0	298~1100 1100~4073
C(金刚石)	1.883	−2.901	2.38	9.121	13.221	−6.192	—	298~1200
C_2H_{-2}(g)	226.731	−20.923	200.80	43.597	31.631	−7.489	−6.2761	298~2000
C_2H_4(g)	52.467	−68.407	219.20	32.635	59.831	—	—	298~1200
CH_4(g)	−74.81	50.749	186.30	12.426	76.693	1.423	−17.99	298~2000
C_6H_6(l)	−49.04	−124.45	13.20	136.1	—	—	—	298~沸点
C_2H_5OH(l)	−277.61	174.77	160.71	111.4	—	—	—	298~沸点
CO(g)	−110.541	137.12	197.60	28.409	4.10	−0.46	—	298~2500

续附表 2

物　质	$\Delta_f H^{\ominus}_{298}$ /kJ · mol^{-1}	$-\Delta_f G^{\ominus}_{298}$ /kJ · mol^{-1}	$S^{\ominus}_{298}$ /J · (mol·K)$^{-1}$	$c_p = a + bT + c'T^{-2} + cT^2$/J · (mol · K)$^{-1}$				
				a	$b\times10^3$	$c'\times10^{-5}$	$c\times10^6$	温度范围/K
CO_2(g)	−393. 52	394. 39	213. 70	44. 141	9. 037	−8. 535	—	298~2500
α-Ca(s)	0. 00	0. 00	41. 63	21. 92	14. 64	—	—	298~720
β-Ca	0. 00	0. 00	—	−0. 377	41. 279	0. 0	0. 0	720~1112
CaC_2(s)	59. 41	64. 53	70. 29	68. 62	11. 88	−8. 66	—	298~720
$CaCl_2$(s)	−795. 797	755. 87	113. 80	71. 881	12. 719	−2. 72	—	600~1045
$CaCO_3$(方解石)	1206. 87	1127. 32	88. 00	104. 5	21. 92	−25. 94	—	298~1200
CaO(s)	−634. 294	603. 03	39. 75	49. 622	4. 519	−6. 945	—	298~2888
$Ca(OH)_2$(s)	−986. 21	898. 63	83. 39	105. 27	11. 924	−18. 954	—	298~1000
α-$CaSiO_3$(s) β-$CaSiO_3$(s)	1634. 27	1559. 93	82. 00	111. 46 133. 89	15. 062 0. 0	−27. 68 0. 0	— —	298~1463 1463~1817
α-Ca_2SiO_4(s) β-Ca_2SiO_4(s) γ-Ca_2SiO_4(s)	−2305. 082	2138. 47	120. 50	145. 90 134. 56 205. 02	40. 752 46. 108 0. 0	−26. 196 0. 0 0. 0	— — —	298~970 9701~710 1710~2403
$CaSO_4$(s)	−1434. 108	1334. 84	160. 70	70. 208	98. 742	—	—	298~1200

续附表 2

物质	$\Delta_f H^\ominus_{298}$ /kJ · mol^{-1}	$-\Delta_f G^\ominus_{298}$ /kJ · mol^{-1}	$S^\ominus_{298}$ /J · (mol·K)$^{-1}$	$c_p = a + bT + c'T^{-2} + cT^2$/J · (mol · K)$^{-1}$				
				a	$b\times10^3$	$c'\times10^{-5}$	$c\times10^6$	温度范围/K
α-Fe(s)	0.00	0.00	27.15	28.175	−7.318	−2.895	−25.04	273~800
				−263.5	255.81	619.232	0.0	800~1000
				−641.9	696.339	0.0	0.0	1000~1042
				1946.3	−1787.5	0.0	0.0	1042~1060
				−561.9	334.143	2912.11	0.0	1060~1184
γ-Fe(s)				23.991	8.36	0.0	0.0	1184~1665
δ-Fe(s)				24.635	9.904	0.0	0.0	1665~1809
$FeCO_3$(s)	−740.568	667.69	95.88	48.66	112.089	—	—	298~800
FeO(s)	−272.044	251.50	60.75	50.794	8.619	−3.305	—	298~1650
α-Fe_2O_3(s)	−825.503	743.72	87.44	98.282	77.822	−14.853	—	298~953
β-Fe_2O_3(s)				150.62	0.0	0.0	—	953~1053
γ-Fe_2O_3(s)				132.68	7.364	0.0	—	1053~1730
α-Fe_3O_4(s)	−1118.383	115.53	146.40	86.232	208.907	—	—	298~866
β-Fe_3O_4(s)				200.83	0.0	—	—	866~1870
Fe_2SiO_4(s)	−1466.341	1379.16	145.20	152.76	39.162	−28.033	—	298~1493
α-Fe_3C(s)	−22.594	−18.39	101.30	82.174	83.68	—	—	273~463
β-Fe_3C(s)				107.19	12.552	—	—	463~1500

续附表 2

物　质	$\Delta_f H^{\ominus}_{298}$ /kJ · mol^{-1}	$-\Delta_f G^{\ominus}_{298}$ /kJ · mol^{-1}	$S^{\ominus}_{298}$ /J · (mol·K)$^{-1}$	$c_p = a + bT + c'T^{-2} + cT^2$/J · (mol · K)$^{-1}$				
				a	$b \times 10^3$	$c' \times 10^{-5}$	$c \times 10^6$	温度范围/K
H_2(g)	0.00	0.00	130.60	27.28	3.264	0.502	—	298~3000
H_2O(g)	−241.814	229.24	188.70	29.999	10.711	0.335	—	298~2500
H_2O(l)	−285.84	237.25	70.08	75.44	—	—	—	273~373
Mg(s)	0.00	0.00	22.68	21.389	11.778	0.0	—	298~922
$MgCO_3$(s)	−1111.689	1012.68	65.69	77.906	57.739	−17.405	—	298~729
MgO(s)	−601.241	568.98	26.94	48.953	3.138	−11.422	—	298~3098
α_1-$MgSiO_3$(s)	−1548.917	1462.12	67.78	92.257	32.886	−17.866	—	298~903
α_2-$MgSiO_3$(s)				120.33	0.0	0.0	—	903~1258
α_3-$MgSiO_3$(s)				122.42	0.0	0.0	—	1258~1850
N_2(g)	0.00	0.00	191.50	27.865	4.268	—	—	298~2500
NH_3(g)	−45.94	16.58	192.3	25.794	31.623	0.351	—	298~800
NH_3(g)				52.723	10.46	−63.727	—	800~2000
O_2(g)	0.00	0.00	205.04	29.957	4.184	−1.674	—	298~3000
Si(s)	0.00	0.00	18.82	22.803	3.849	−3.515	—	298~1685
SiC(s)	73.22	70.85	16.61	50.79	1.950	−49.20	8.2	298~3259
α-SiO_2	−910.857	856.50	41.46	43.89	38.786	−9.665	—	298~847

续附表 2

物　质	$\Delta_f H_{298}^{\ominus}$ /kJ · mol^{-1}	$-\Delta_f G_{298}^{\ominus}$ /kJ · mol^{-1}	$S_{298}^{\ominus}$ /J · (mol·K)$^{-1}$	$c_p = a + bT + c'T^{-2} + cT^2$/J · (mol · K)$^{-1}$				
				a	$b\times10^3$	$c'\times10^{-5}$	$c\times10^6$	温度范围/K
β-SiO_2	-875. 93	840. 42	104. 71	58. 911	10. 042	—	—	847~1696
SiO(g)	-100. 416	127. 28	211. 46	29. 79	8. 242	-2. 05	-2. 259	298~2000
α-Ti(s)	0. 00	0. 00	30. 65	22. 133	10. 251	—	—	298~1155
β-Ti(s)				19. 832	7. 908	—	—	1155~1933
TiC(s)	-184. 096	186. 78	24. 27	49. 957	0. 962	-14. 77	1. 883	298~3290
TiO_2(金红石)	-944. 747	889. 51	50. 33	62. 844	11. 339	-9. 958	—	298~2143
Zn(s)	0. 00	0. 00	41. 63	20. 736	12. 51	0. 833	—	298~693
Zn(l)	—	—	—	31. 38	—	—	—	693~1180
Zn(g)	—	—	—	20. 786	—	—	—	1180~2000
ZnO(s)	-348. 109	318. 12	43. 51	48. 995	5. 104	-9. 121	—	298~1600
α-Zr(s)	0. 00	0. 00	38. 91	21. 966	11. 632	—	—	298~1135
β-Zr(s)				23. 221	4. 644	—	—	1135~2125
ZrC(s)	-196. 648	193. 27	33. 32	51. 087	3. 389	-12. 97	—	298~3500
α-ZrO_2(s)	1094. 12	1036. 43	50. 36	69. 622	7. 531	-14. 058	—	298~1478
β-ZrO_2(s)				74. 475	0. 0	0. 0	—	1478~2950

附表3 部分氧化物的标准吉布斯自由能 $\Delta_r G^{\ominus}$

反　　应	温度范围/K	$\Delta_r G^{\ominus}$/J·$(molO_2)^{-1}$
$4/3Al(s)+O_2 = 2/3Al_2O_3(s)$	298~932	−1115450+209.20T
$4/3Al(l)+O_2 = 2/3Al_2O_3(s)$	932~2345	−1120480+214.22T
$2C$(石墨)$+O_2 = 2CO$ (s)	298~3400	−232630−167.78T
C(石墨)$+O_2 = CO_2(g)$	298~3400	−395390+0.08T
$2Ca(s)+O_2 = 2CaO$ (s)	298~1123	−1267750+201.25T
$2Ca(l)+O_2 = 2CaO$ (s)	1123~1756	−1279470+211.71T
$2Ca(g)+O_2 = 2CaO$ (s)	1756~2887	−1557700+369.87T
$2Fe(s)+O_2 = 2FeO$ (s)	298~1642	−519230+125.10T
$2Fe(s)+O_2 = 2FeO$ (l)	1642~1809	−441410+77.82T
$2Fe(l)+O_2 = 2FeO$ (l)	1809~2000	−459400+87.45T
$4/3Fe(s)+O_2 = 2/3Fe_2O_3(s)$	298~1809	−540570+170.29T
$2/3Fe(s)+O_2 = 1/2Fe_3O_4(s)$	198~1809	−545590+156.48T
$2/3Fe(l)+O_2 = 1/2Fe_3O_4(s)$	1809~1867	−589110+180.33T
$2H_2+O_2 = H_2O$ (g)	298~3400	−499150+114.22T
$2Mg(s)+O_2 = 2MgO$ (s)	298~923	−119660+208.36T
$2Mg(l)+O_2 = 2MgO$ (s)	923~1376	−1225910+240.16T
$2Mg(g)+O_2 = 2MgO$ (s)	1376~3125	−1428840+387.44T
$Si(s)+O_2 = SiO_2(s)$	298~1685	−905840+175.73T
$Si(l)+O_2 = SiO_2(s)$	1685~1696	−866510+152.30T
$Si(l)+O_2 = SiO_2(l)$	1696~2500	−940150+195.81T
$Ti(s)+O_2 = TiO_2(s)$	298~1940	−943490+179.08T
$Ti(l)+O_2 = TiO_2(s)$	1940~2128	−941820+178.24T
$2Zn(s)+O_2 = 2ZnO$ (s)	298~693	−694540+193.30T
$2Zn(l)+O_2 = 2ZnO$ (s)	693~1180	−709610+241.64T
$2Zn(g)+O_2 = 2ZnO$ (s)	1180~2240	−921740+394.55T
$Zr(s)+O_2 = ZrO_2(s)$	298~2125	−1096210+189.12T

附表4 1500K以上部分氧化物的标准生成吉布斯自由能 $\Delta_f G^{\ominus}$

反　应	温度范围/K	$\Delta_f G^{\ominus}$/ kJ·(mol 氧化物)$^{-1}$
$2Al(l)+1/2O_2 = Al_2O(g)$	1500~2000	$-196.65-0.055T$
$Al(l)+1/2O_2 = AlO(g)$	1500~2000	$14.64-0.056T$
$2Al(l)+3/2O_2 = Al_2O_3(g)$	1500~2000	$-1679.88+0.322T$
$Ca(l)+1/2O_2 = CaO(s)$	1500~1765	$-639.52+0.108T$
$Ca(g)+1/2O_2 = CaO(s)$	1765~2000	$-7896.17+0.191T$
$C(s)+1/2O_2 = CO(g)$	1500~2000	$-117.99-0.084T$
$C(s)+O_2 = CO_2(g)$	1500~2000	$-396.46+0.0001T$
$Fe(\gamma)+1/2O_2 = FeO(s)$	1500~1650	$-261.92+0.064T$
$Fe(\delta)+1/2O_2 = FeO(l)$	1665~1809	$-229.49+0.044T$
$Fe(l)+1/2O_2 = FeO(l)$	1809~2000	$-238.07+0.049T$
$2Fe(\gamma)+3/2O_2 = Fe_2O_3(s)$	1500~1650	$-800.4+0.241T$
$2Fe(\delta)+3/2O_2 = Fe_2O_3(s)$	1665~1809	$-798.94+0.24T$
$3Fe(\gamma)+2O_2 = Fe_3O_4(s)$	1500~1650	$-1085.54+0.296T$
$3Fe(\delta)+2O_2 = Fe_3O_4(s)$	1665~1809	$-1085.96+0.297T$
$H_2+1/2O_2 = H_2O(g)$	1500~2000	$-251.88+0.058T$
$Mg(g)+1/2O_2 = MgO(l)$	1500~2000	$-731.15+0.205T$
$Si(l)+1/2O_2 = SiO(g)$	1686~2000	$-155.23-0.047T$
$Si(l)+O_2 = SiO_2$(β-方石英)	1686~1986	$-947.68+0.199T$
$Si(l)+O_2 = SiO_2(l)$	1883~2000	$-936.38+0.193T$
$Ti(s)+1/2O_2 = TiO(s)$	1500~1940	$-502.5+0.083T$
$Ti(s)+1/2O_2 = TiO(g)$	1500~1940	$26.36-0.076T$
$2Ti(s)+3/2O_2 = Ti_2O_3(s)$	1500~1940	$-1481.14+0.244T$
$3Ti(s)+5/2O_2 = Ti_3O_5(s)$	1500~1940	$-2416.26+0.409T$
$Ti(s)+O_2 = TiO_2(s)$	1500~1940	$-935.12+0.174T$
$Zr(s)+O_2 = ZrO_2(s)$	1500~2000	$-1079.47+0.178T$

参 考 文 献

[1] 金格瑞．陶瓷导论[M]．北京:中国建筑工业出版社,1982:1~8.

[2] 李世普．特种陶瓷工艺学[M]．武汉:武汉工业大学出版社,1991:1~3.

[3] 王零森．特种陶瓷[M]．长沙:中南工业大学出版社,1996:139~153.

[4] 日本工业调查会编辑部．最新精细陶瓷技术[M]．陈俊彦,译．北京:中国建筑工业出版社,1988,10~15.

[5] 李文超．21 世纪先进陶瓷的发展方向[J]．中国科技信息,1995,6:37~39.

[6] 梁训裕．耐火材料现状与展望[J]．国外耐火材料,1993,3:1~15.

[7] Jack K H. Review:Sialons and related nitrogen ceramics[J]. Journal of Materials Science, 1976, 11(6), 1135~1158.

[8] 郭瑞松,蔡舒,季惠明．工程结构陶瓷[M]．天津:天津大学出版社,2002:140~172.

[9] 李文超．冶金热力学[M]．北京:冶金工业出版社,1995.

[10] 魏寿昆．冶金过程热力学[M]．上海:上海科学技术出版社,1980.

[11] Yamaguchi G,Yanagida H. Study on the reductive spinel-A new spinel formula AlN-Al_2O_3 instead of the previous one Al_3O_4 [J]. Chem. Soc. of Japan bull, 1959, 32 (11): 1264~1265.

[12] Hartnell T M, Maguirre E A, Gentilman R L. Aluminium Oxynitride Spinel: A New Optical and multi-mode window material [J]. Ceramic Engineering and Science Process, 1982, 3 (2): 67~70.

[13] Hosaka T, Kato M. A Study of Compositional Modification of Trough Mixture by using Aluminum Oxynitride [J]. TAIKABUTSU, 1985, 37(10): 22~26.

[14] Vallayer J, Trabelsi R, Treheux D. Severe Wear Mechanisms in Al_2O_3-AlON Ceramic Composites [J]. Journal of the European Ceramic Society, 2000, 20(9): 1311~1318.

[15] Kjama K, Sbirasaki S. Nitrogen self-diffusion in silicon nitride [J]. Journal of Chemical Physics, 1976, 65(7): 2668~2671.

[16] Negita K. Effective sintering aids for Si_3N_4 ceramics [J]. Journal of Materials Science Letters, 1985, 4(6): 755~758.

[17] Oyama Y, Kamaigaito O. Solid solubility of some oxides in Si_3N_4[J]. Journal of Applied Physics, 1971, 10(11): 1637~1642.

[18] Jack K H, Wilson W I. Ceramics based on the Si-Al-O-N and related systems [J]. Nature (Phys Sci), 1972, 238(80): 28~29.

[19] Ekstrom T,Kall P O, Nygren M. Dense single-phase β-Sialon ceramics by glassencapsulated hot isostatic pressing [J]. Journal of Materials Science, 1989, 24(5): 1853~1861.

[20] Gauckler L J, Lukas H L, Petzow G. Contribution to the phase diagram Si_3N_4-AlN-Al_2O_3-

SiO_2[J]. Journal of the American Ceramic Society, 1975, 58(7,8): 346~347.

[21] 华南工学院. 陶瓷工艺学[M]. 北京:中国建筑工业出版社,1981.

[22] Sorrell C C, Mccartney E R. Engineering nitrogen ceramics: silicon nitride and cubic boron nitride [J]. Materials Forum, 1986, 9(3): 148~161.

[23] Mitomo M, Tanaka H, Muramatsu H. The strength of α-sialon ceramics [J]. Journal of Materials Science, 1980, 15(10): 2661~2662.

[24] Thompson D P. The crystal chemistry of nitrogen ceramics [J]. Mater Sci Forum, 1989, 47: 21~42.

[25] Hampshire S, Park H K, Thompson D P. α-Sialon ceramics [J]. Nature, 1978, 274 (5674): 880~882.

[26] Ekstrom T. Hardness of dense Si_3N_4-based ceramics[J]. Journal of Hard Materials, 1993, 4 (2): 77~95.

[27] Cheng Y B, Thompson D P. Preparation and grain boundary devitrification of samarium α-sialon ceramics [J]. Journal of the European Ceramic Society, 1994, 14(1): 13~21.

[28] Chen I W, Rosenflanz A. A tough Sialon ceramics based on α-Si_3N_4 with a whisker-like microstructure [J]. Nature, 1997, 389: 701~704.

[29] Thompson D. Tough cookery [J]. Nature, 1997, 389(6652): 675~677.

[30] Ekstrom T, Nygren M. SiAlON ceramics [J]. Journal of the American Ceramic Society, 1992, 75(2): 259~276.

[31] Hillert M, Jonsson S. Thermodynamic Calculation of the Si-Al-O-N System [J]. Zeitschrift fur Metallkunde, 1992, 83(10): 720~728.

[32] Ekstrom T, Herbertsson H, James M. Nd_2O_3-doped sialons with ZrO_2/ZrN additions formed by sinteing and hot sostatic pressing [J]. Journal of the American Ceramic Society, 1994, 77 (12): 3087~3092.

[33] Hoggard D B, Park H K, Morrison R. O'-Zirconia and its refractory application [J]. American Ceramic Society Bulletin, 1990, 69(7): 1163~1166.

[34] 仲维斌,李文超,钟香崇. O'-Sialon-ZrO_2 复合材料在 1250~1350℃的氧化过程[J]. 耐火材料,1995,29(3):125~128.

[35] 仲维斌. O'-Sialon-ZrO_2复合材料的显微结构及高温性能的研究[D]. 北京:北京科技大学,1995.

[36] 岳昌盛,叶方保,等. 加入 β-SiAlON 对铝碳质材料性能的影响 [J]. 耐火材料,2006,40 (6):440~442.

[37] 岳昌盛,彭犇,张梅,等. 采用煤矸石基 β-SiAlON 粉末制备 β-SiAlON/SiC 复合材料 [J]. 耐火材料,2010,44(2):129~132.

[38] 马刚,岳昌盛,郭敏,等. 采用煤矸石和用后 Al_2O_3-SiC-C 铁沟料合成 β-SiAlON[J]. 耐

火材料,2008,42(4):274~278.

[39] 岳昌盛,郭敏,张梅,等. 高纯 β-SiAlON 的可控合成[J]. 无机材料学报,2009,24(6):1163~1167.

[40] Trigg M B, Jack K H. The fabrication of O'-Sialon ceramics by pressureless sintering [J]. Journal of Materials Science, 1988, 23(2): 481~487.

[41] Anya C C, Hendy Y A. Hardness, indentation fracture toughness and compositional formula of X-phase sialon [J]. Journal of Materials Science, 1994, 29(2): 523~527.

[42] Wills R R, Stewart R W, Wimmer J M. Effect of composition and X-phase on the intrinsic propertyes of reacrion-sintered Sialon [J]. American Ceramic Society Bulletin, 1977, 56 (2): 194~196.

[43] Cannard P J, Ekstrom T, Tilley R J D. The formation of phases in the AlN-rich corner of the Si-Al-O-N system[J]. Journal of the European Ceramic Society, 1991, 8(6): 375~382.

[44] Wang P L, Jia Y X, Sun W Y. Fabrication of 15R AlN-polytypoid ceramics [J]. Materials Letters, 1999, 41(2): 78~82.

[45] Li H X, Sun W Y, Yan D S. Mechanical properties of hot-pressed 12H ceramics[J]. Journal of European Ceramic Society, 1995, 15(7): 697~701.

[46] Wang P L, Sun W Y, Yan D S. Mechanical properties of AlN-polytypoids-15R, 12H and 21R[J]. Materials Science & Engineering A, 1999, A272(2): 351~356.

[47] Chen W W, Sun W Y, Yan D S. Effect of AlN-polytypoid on formation of elongated α-Sialon [J]. Materials Letters, 2000 , 42(4): 251~256.

[48] 郭景坤. 中国先进陶瓷研究及其展望[J]. 材料研究学报,1997,11(6):594~600.

[49] Sheu T S. Microstructure and mechanical properties of the in situ β-Si_3N_4/ α-SiAlON composites[J]. Journal of the American Ceramic Society, 1994, 77 (9): 2345~2353.

[50] 陈卫武. Ln-α-SiAlON-AlN-多型体和 Ln-α-SiAlON 陶瓷显微结构设计[D]. 上海:中国科学院上海硅酸盐研究所,2000.

[51] Jiang X, Back Y K, Lee S M, et al. Formation of α-SiAlON layer on β-SiAlON and its effect on mechanical properties [J]. Journal of the American Ceramic Society, 1998, 81(7): 1907~1912.

[52] Pettersson P, Shen Z J, Johnsson M, et al. Thermal shock resistance of α/β-SiAlON ceramic composites [J]. Journal of European Ceramic Society, 2001, 21(8): 999~1005.

[53] 徐维忠. 耐火材料[M]. 北京:冶金工业出版社,1992,146~160.

[54] Keran C L, Brown R W. Wold report on silicon carbide blast furnace refractories-1987[J]. Iron and Steel Engineer, 1987. 64(12): 35~42.

[55] 都兴红,隋智通. SiAlON 结合 SiC 复合材料的制备与性能[J]. 无机材料学报,1997,12(6):814~818.

[56] Kishi K, Umebayashi S. Room-temperature strength and fracture toughness of β-SiAlON (z=1)-SiC composite fabricated from aluminum-iso-propoxide, α-Si_3N_4 and β-SiC [J]. Journal of the Ceramic Society of Japan, 1996, 104(8): 770~773.

[57] 何胜平,司全京. Si_3N_4/SiAlON 结合碳化硅制品的研究和应用[J]. 有色设备,2000,5: 35~37.

[58] 都兴红,隋智通,张广荣,等. Sialon 结合 SiC 复合材料的制备与性能[J]. 无机材料学报, 1997, 12(6):814~818.

[59] Dong S, Jiang D, Tan S. Hot isostatic pressing and post-hot isostatic pressing of SiC-β-sialon composites [J]. Materials Letters, 1996, 29(4-6): 259~263.

[60] 罗星源,孙加林,王金相. β-SiAlON 结合刚玉耐火材料的合成[J]. 耐火材料,1999,33 (3):133~135.

[61] 郑仕远. 各种烧结工艺新技术及原理[J]. 陶瓷工程,1999,33(6):13~15.

[62] Lee J G, Cutler I B. Sinterable SiAlON powder by reaction of clay with carbon and nitrogen [J]. American Ceramic Society Bulletin, 1979, 58(9): 869~871.

[63] 陈仕华. 宝钢高炉用 β-SiAlON 结合刚玉的工业化生产研究[D]. 北京:北京科技大学,2003.

[64] Gilbert J E, Mossel A. Preparation of β-Sialon from coal-mine schists [J]. Materials Research Bulletin, 1997, 32(10): 1441~1448.

[65] Sun J L, Luo X Y, Qu D L , et al. Mechanism of synthesis of β-SiAlON from coal gangue [J]. Key Engineering Materials, 2002, 224~226: 93~96.

[66] Mazzoni A D, Aglietti E F. Mechanism of the carbonitriding reactions of SiO_2-Al_2O_3 minerals in the Si-Al-O-N system[J]. Applied Clay Science, 1998, 12(6): 447~461.

[67] 张海军,刘占杰,钟香崇. 煤矸石还原氮化合成 O'-Sialon 及热力学研究[J]. 无机材料学报,2004,19(5):1129~1137.

[68] Li F J, Wakihara T, Tatami J, et al. Elucidation of the formation mechanism of β-SiAlON from a zeolite[J]. Journal of the American Ceramic Society, 2007, 90(5): 1541~1544.

[69] 尹国勋,邓寅生,李栋臣,等. 煤矿环境地质灾害预防治[M]. 北京:煤炭工业出版社,1997.

[70] 牛泰山,宋瑞谭,陈伟,等. 煤矸石综合利用与煤炭企业可持续发展战略[J]. 煤,2000, 9(5):17~20.

[71] 梁爱琴,匡少平,丁华. 煤矸石的综合利用探讨[J]. 中国资源综合利用,2004,(2): 11~14.

[72] 杨志强,张仁水. 煤矸石的特性及应用[J]. 山东矿业学院学报,1994,13(1):67~71.

[73] 张莉,宋瑞潭,杨仁泽. 浅谈煤矸石综合利用与生态环境[J]. 山西能源与节能,2001, (4):34~35.

[74] 闫高峰,刘辉. 煤矸石在建材方面的应用[J]. 商业文化,2008,(4):98.

[75] 陈仕香. 用煤矸石代替黏土配料生产优质水泥熟料[J]. 水泥,2003,(4):8~19.

[76] 张玉龙. 先进复合材料制造技术手册[M]. 北京:机械工业出版社,2003:550~560.

[77] 李武. 无机晶须[M]. 北京:化学工业出版社,2005:1~2.

[78] Brenner S S. Growth and Properties of "Whiskers"[J]. Science, 1958, 128(3324): 569~575.

[79] Lshii T, Sato T, Sekikawa Y, et al. Growth of whiskers of hexagonal boron nitride [J]. Journal of Crystal Growth, 1981, 52(1): 285~289.

[80] Appell D. Nanotechnology: Wired for success[J]. Nature, 2002, 419(6907): 553~555.

[81] 徐兆瑜. 晶须的研究和应用新进展[J]. 化工技术与开发,2005,34(2):11~17.

[82] 岳昌盛,彭犇,郭敏,等. β-SiAlON 晶须的诱导合成和生长机制研究[J]. 人工晶体学报,2011,40(5):1181~1187.

[83] 彭犇,岳昌盛,等. 采用煤矸石为原料合成的 β-SiAlON 晶须及其显微结构研究[J]. 硅酸盐通报,2010,29(1):167~170.

[84] Yang W, Xie Z, Li J, et al. Growth of platelike and branched single-crystalline Si_3N_4 whiskers[J]. Solid State Communications, 2004, 132(3,4): 263~268.

[85] Zou L H, Huang Y, Park D S, et al. R-curve behavior of Si_3N_4 whisker- reinforced Si_3N_4 matrix composites[J]. Ceramics International, 2005, 31(1): 197~204.

[86] Liu G, Chen K, Zhou H, et al. Formation of Yb α-SiAlON whiskers by heat treatment of hot-pressed bulk samples[J]. Journal of Alloys and Compounds, 2007, 430(1,2): 269~273.

[87] Chen Z. Synthesis and characterization of β′-sialon whiskers prepared from the carbothermal reaction of silica fume and α-Al_2O_3[J]. Journal of Materials Science, 1993, 28(22):6021~6025.

[88] Yu J, Ueno S, Hiragushi K, et al. Synthesis of β-SiAlON whiskers from pyrophyllite[J]. J Ceram Soc Jpn, 1997, 105(1225): 821~823.

[89] Ng D H L, Cheung T L Y, Kwong F L, et al. Fabrication of single crystalline β′-SiAlON nanowires[J]. Mater Lett, 2008, 62(8,9): 1349~1352.

[90] 叶大伦. 实用无机热力学数据手册(第 2 版)[M]. 北京:冶金工业出版社,2002.

[91] Jr. Chase M. W, Davies C. A. et al. ACS and AIP for National Bureau of Standard. JANAF (Journal of Army Navy Air Force) Thermochemical Tables, 3rd edition, USA, 1990.

[92] 李文超,文洪杰,杜雪岩. 新型耐火材料理论基础-近代陶瓷复合材料的物理化学设计[M]. 北京:地质出版社,2001.

[93] 王崇琳. 相图理论及其应用[M]. 北京:高等教育出版社,2008.

[94] 徐祖耀,李麟. 材料热力学[M]. 北京:科学出版社,2001.

[95] 许志宏,王乐珊. 无机化学数据库[M]. 北京:科学出版社,1987.

[96] 乔芝郁,许志宏,等. 冶金和材料计算物理化学[M]. 北京:冶金工业出版社, 1999.

[97] Dumitrescu L, Sundman B. Computer simulation of β′-sialon synthesis [J]. Journal of European Ceramic Society, 1995, 15(1): 89~94.

[98] Dumitrescu L, Sundman B. Thermodynamic reassessment of the Si-Al-O-N system [J]. Journal of European Ceramic Society, 1995, 15(3): 239~247.

[99] Mao H, Selleby M. Thermodynamic reassessment of the Si_3N_4-AlN-Al_2O_3- SiO_2 system-Modeling of the SiAlON and liquid phases[J]. Calphad, 2007, 31(2): 269~280.

[100] Gunn D A. Theoretical evaluation of the stability of sialon-bonded silicon carbide in the blast furnace environment[J]. Journal of the European Ceramic Society, 1993, 11(1): 35~41.

[101] 李文超,王俭,李兴康. 拟抛物面规则在氧化物陶瓷相图中的应用[J]. 硅酸盐学报, 1996,24(1):80~84.

[102] 李文超,周国治,王俭,等. 三元系中拟抛物面规则及其实验验证[J]. 钢铁,1996,31(3):31~34.

[103] 李文超,王福明,文红杰,等. 近代冶金耐火材料研制及其应用理论基础研究[J]. 中国冶金,1999,1:12~16.

[104] 岳昌盛. SiAlON 的可控合成、性能与工业化生产研究[D]. 北京:北京科技大学,2009.

[105] Zhen Q, Wang F, Li W. Assesment and prediction of thermodynamic functions of compounds in sialon system[J]. Rare Metals, 1999, 18(1): 1~5.

[106] 王习东. AlON 及 MeAlON 陶瓷的性能与结构[D]. 北京:北京科技大学,2001.

[107] 武丽敏. 国外煤矸石处理利用与煤矸石山自燃控制[J]. 煤矿环境保护,1994,8(6): 24~26.

[108] 王体壮. 大宗矿产资源合成先进氮氧化物材料[D]. 北京:北京科技大学,2005.

[109] 尚凤梅. 浅谈煤矸石的综合利用[J]. 山东煤炭科技,2003,1:7~9.

[110] Zhang H. Preparation and pattern recognition of O'-Sialon by reduction - nitridation from coal gangue[J]. Materials Science and Engineering A, 2004: 385(1,2): 325~331.

[111] Sun J L, Luo X Y, Ou D L, et al. Mechanism of synthesis of β-Sialon from coal gangue [J]. Key Engineering Materials, 2003, 224~226: 281~285.

[112] 梁英教. 无机热力学数据手册[M]. 沈阳:东北大学出版社,1993.

[113] Wagner R S, Ellis W C. The vapor-liquid-Solid mechanism of single crystal growth[J]. Applied Physics Letters, 1964, 4: 89~90.

[114] Wagner R S, Ellis W C. The Vapor-Liquid-Solid mechanism and its application to silicon [J]. Trans. Met. Soc. AIME, 1965, 233: 1053~1064.

[115] Zhang H J, Li W C, Zhong X C. Production of O'-Sialon-SiC composites by carbon reduction-nitridation, Journal of University of Science and Technology Beijing, 1998, 5

(1):26~31.

[116] Dong Q, Tang Q, Li W C, Wu D Y. Thermodynamic analysis of combustion synthesis of Al_2O_3-TiC-ZrO_2 nanoceramics. J. Mater. Res., 2001,6(9):2494~2498.

[117] Teng L D, Wang F M, Li W C. Thermodynamics and Microstructure of Ti-ZrO_2 Metal-Ceramic Functionally Gradient Materials. Materials Science and Engineering A, 2000,293(1~2):129~136.

[118] Du X Y, Li W C, Liu Z X, Xie K. X-ray Photoelectron Spectrascopy Investgation of Ceria Doped with Lanthanum Oxide, Chinese Physics Letters, 1999, 16(5):376.

[119] 刘克明．高炉渣碳热还原氮化合成 Ca-α-Sialon-SiC 复合材料的研究[D]．北京:北京科技大学,2001.

[120] 李素平,钟香崇．Fe_2O_3 在煤矸石碳热还原氮化合成 SiAlON 时的作用[J]．非金属矿,2006,30(2):18~19.

双峰检